# 盐湖化学

李海朝  纪青松  编著

科学出版社

北京

## 内 容 简 介

盐湖究其本质是含盐量达到一定水平(通常认为 50 g/L)以上的混盐水体，我国对盐湖的利用和研究也由来已久。本书的角度是近几年盐湖中引起人们注意的无机元素及其盐的性质和相互之间的化学关系。全书共 9 章，第 1 章简要概述了盐湖资源；第 2 章到第 9 章分别详细讲述了钠及其盐、钾及其盐、镁及其盐、硼及其盐、锂及其盐、锶及其盐、铷、铯和卤素相关化学和化学关系。全书整体上可以帮助读者建立起盐湖化学知识体系。

本书特别适合于从事盐湖研究和生产的专业技术人员以及相关领域的高校师生参考阅读。

---

图书在版编目（CIP）数据

盐湖化学/李海朝，纪青松编著. —北京：科学出版社，2022.9
ISBN 978-7-03-072914-9

Ⅰ．①盐… Ⅱ．①李… ②纪… Ⅲ．①硼酸盐–盐湖–化学 Ⅳ．①O613.8

中国版本图书馆 CIP 数据核字（2022）第 151874 号

责任编辑：贾 超 孙静惠 / 责任校对：杜子昂
责任印制：苏铁锁 / 封面设计：东方人华

科 学 出 版 社 出版
北京东黄城根北街 16 号
邮政编码：100717
http://www.sciencep.com

北京凌奇印刷有限责任公司 印刷
科学出版社发行 各地新华书店经销

*

2022 年 9 月第 一 版　开本：720×1000　1/16
2022 年 9 月第一次印刷　印张：10 3/4
字数：220 000
POD定价：98.00元
（如有印装质量问题，我社负责调换）

# 前　　言

几千年以前，盐湖就在人们的生产生活中扮演着重要角色。近几年，党中央对盐湖发展提出了更高的要求和战略定位。2021年3月7日，习近平总书记参加青海省代表团审议时强调："要结合青海优势和资源，贯彻创新驱动发展战略，加快建设世界级盐湖产业基地，打造国家清洁能源产业高地、国际生态旅游目的地。"2016年8月22日，习总书记到青海省考察时也曾指出："盐湖是青海最重要的资源，要制定正确的资源战略，加强顶层设计，搞好开发利用。"

青海柴达木盆地盐湖资源丰富，其中氯化钾7.35亿t，氯化锂1700多万t，镁盐50亿t，同时伴有硼、铷、铯、溴等多种稀有元素。察尔汗盐湖是一个储存着丰富矿物质和可溶性盐类的瀚海，面积为$5856km^2$，是我国最大的可溶性钾镁盐矿床，也是世界大型钾镁盐矿床之一。目前，察尔汗盐湖的钾肥年产量已达800万t，与世界著名盐湖(死海盐湖300万t、美国大盐湖75万t)相比优势显著，钾肥消耗由完全依赖进口达到自给率50%以上，提升了我国国际钾肥市场话语权，为我国农业安全提供了强有力保障。青海盐湖工业股份有限公司年产1万t碳酸锂装置全面达产达标，"2+3万吨电池级碳酸锂"项目已经启动。东台吉乃尔盐湖铷铯分离提取中试项目、海西州"年产5000吨氧化硼工艺技术研究与示范"项目等的建设，将进一步加快青海盐湖硼、铷、铯、溴等稀有元素的开发利用，世界级的盐湖稀有元素产业基地已见雏形。盐湖产业的健康有序发展对我国粮食安全和新能源、新材料等产业的发展具有战略意义。

现如今，考虑世界级盐湖产业基地的要求不能绕过"盐湖人才"队伍建设的问题。加之盐湖企业地理位置大多不具备地缘优势，多年来人才，尤其是中高端人才质量和数量上的不足，是制约盐湖企业发展不可忽视的因素之一。盐湖化学的著作相对较匮乏，也是影响人才培养的制约因素之一，需要加强建设。作者希望本书能够帮助读者从无机元素化学和盐的相互化学关系角度看盐湖，为盐湖生产和科研工作者提供有益的参考。

本书共 9 章，由李海朝、纪青松编写，详细讲述了钠及其盐、钾及其盐、镁及其盐、硼及其盐、锂及其盐、锶及其盐、铷、铯和卤素相关化学和化学关系。全书由李海朝统稿。

由于编者水平所限，书中不妥之处在所难免，敬请读者批评指正。

作　者

2022 年 6 月

# 目　　录

**第1章　盐湖资源概述** ·································································· 1
　1.1　盐湖简介 ·································································· 1
　　1.1.1　形成条件 ·································································· 1
　　1.1.2　类型 ·································································· 2
　1.2　我国与世界盐湖资源 ·································································· 3
　　1.2.1　我国盐湖资源分布的基本特征 ·································································· 3
　　1.2.2　世界盐湖资源分布的基本特征 ·································································· 5
　　1.2.3　我国与世界盐湖资源的开发利用以及面临的问题 ·································································· 6
　1.3　盐湖工业及产品 ·································································· 7
　　1.3.1　无机盐产品 ·································································· 7
　　1.3.2　附加产品 ·································································· 10
　参考文献 ·································································· 11

**第2章　钠及其盐** ·································································· 12
　2.1　氯化钠(NaCl) ·································································· 12
　　2.1.1　理化性质 ·································································· 12
　　2.1.2　制备方法 ·································································· 13
　　2.1.3　主要用途 ·································································· 13
　2.2　钠(Na) ·································································· 14
　　2.2.1　理化性质 ·································································· 14
　　2.2.2　制备方法 ·································································· 15
　　2.2.3　主要用途 ·································································· 16
　　2.2.4　储存方法 ·································································· 16
　2.3　氧化钠($Na_2O$) ·································································· 16
　　2.3.1　理化性质 ·································································· 16
　　2.3.2　制备方法 ·································································· 17
　　2.3.3　主要用途 ·································································· 18
　　2.3.4　环境危害 ·································································· 18
　2.4　过氧化钠($Na_2O_2$) ·································································· 18
　　2.4.1　理化性质 ·································································· 18

## 2.5 氢氧化钠(NaOH) ... 20
- 2.4.2 制备方法 ... 20
- 2.4.3 主要用途 ... 20
- 2.5.1 理化性质 ... 20
- 2.5.2 制备方法 ... 22
- 2.5.3 主要用途 ... 23

## 2.6 碳酸钠($Na_2CO_3$) ... 23
- 2.6.1 理化性质 ... 23
- 2.6.2 制备方法 ... 24
- 2.6.3 主要用途 ... 25

## 2.7 碳酸氢钠($NaHCO_3$) ... 25
- 2.7.1 理化性质 ... 25
- 2.7.2 制备方法 ... 26
- 2.7.3 主要用途 ... 26

## 2.8 次氯酸钠(NaClO) ... 26
- 2.8.1 理化性质 ... 26
- 2.8.2 制备方法 ... 28
- 2.8.3 主要用途 ... 29

## 2.9 亚硫酸钠($Na_2SO_3$) ... 31
- 2.9.1 理化性质 ... 31
- 2.9.2 制备方法 ... 32
- 2.9.3 主要用途 ... 33

## 2.10 硫酸钠($Na_2SO_4$) ... 33
- 2.10.1 理化性质 ... 33
- 2.10.2 制备方法 ... 33
- 2.10.3 主要用途 ... 34

## 2.11 硫酸氢钠($NaHSO_4$) ... 35
- 2.11.1 理化性质 ... 35
- 2.11.2 制备方法 ... 36
- 2.11.3 主要用途 ... 36

## 2.12 硫化钠($Na_2S$) ... 36
- 2.12.1 理化性质 ... 36
- 2.12.2 制备方法 ... 37

## 2.13 硫代硫酸钠($Na_2S_2O_3$) ... 37
- 2.13.1 理化性质 ... 37

2.13.2　制备方法 ·································································· 38
　　　2.13.3　主要用途 ·································································· 38
2.14　硝酸钠($NaNO_3$) ······························································· 38
　　　2.14.1　物理性质 ·································································· 38
　　　2.14.2　化学性质 ·································································· 39
　　　2.14.3　主要用途 ·································································· 39
2.15　亚硝酸钠($NaNO_2$) ····························································· 39
　　　2.15.1　理化性质 ·································································· 39
　　　2.15.2　亚硝酸钠的危害 ························································ 40
　　　2.15.3　亚硝酸钠的毒性 ························································ 40
参考文献 ·············································································· 41

# 第3章　钾及其盐

3.1　钾(K) ·············································································· 43
　　　3.1.1　物理性质 ···································································· 43
　　　3.1.2　化学性质 ···································································· 43
　　　3.1.3　储存方法 ···································································· 44
　　　3.1.4　含量分布 ···································································· 44
　　　3.1.5　制备方法 ···································································· 45
　　　3.1.6　主要用途 ···································································· 45
3.2　氧化钾($K_2O$) ································································· 45
　　　3.2.1　物理性质 ···································································· 45
　　　3.2.2　化学性质 ···································································· 46
　　　3.2.3　制备方法 ···································································· 46
　　　3.2.4　主要用途 ···································································· 46
3.3　过氧化钾($K_2O_2$) ··························································· 46
　　　3.3.1　物理性质 ···································································· 46
　　　3.3.2　化学性质 ···································································· 47
　　　3.3.3　制备方法 ···································································· 47
　　　3.3.4　主要用途 ···································································· 47
3.4　超氧化钾($KO_2$) ······························································ 47
　　　3.4.1　物理性质 ···································································· 47
　　　3.4.2　化学性质 ···································································· 48
3.5　氢氧化钾(KOH) ·································································· 48
　　　3.5.1　物理性质 ···································································· 48
　　　3.5.2　化学性质 ···································································· 48

3.5.3 制备方法 ………………………………………………………… 50
3.5.4 主要用途 ………………………………………………………… 50
3.6 氯化钾(KCl) ………………………………………………………… 50
　　3.6.1 物理性质 ………………………………………………………… 50
　　3.6.2 化学性质 ………………………………………………………… 51
　　3.6.3 制备方法 ………………………………………………………… 51
　　3.6.4 主要用途 ………………………………………………………… 53
3.7 硫酸钾($K_2SO_4$) …………………………………………………… 53
　　3.7.1 物理性质 ………………………………………………………… 53
　　3.7.2 化学性质 ………………………………………………………… 54
　　3.7.3 制备方法 ………………………………………………………… 54
　　3.7.4 主要用途 ………………………………………………………… 55
3.8 硝酸钾($KNO_3$) ……………………………………………………… 55
　　3.8.1 物理性质 ………………………………………………………… 55
　　3.8.2 化学性质 ………………………………………………………… 55
　　3.8.3 制备方法 ………………………………………………………… 56
　　3.8.4 主要用途 ………………………………………………………… 56
3.9 碳酸钾($K_2CO_3$) …………………………………………………… 57
　　3.9.1 物理性质 ………………………………………………………… 57
　　3.9.2 化学性质 ………………………………………………………… 57
　　3.9.3 制备方法 ………………………………………………………… 57
　　3.9.4 主要用途 ………………………………………………………… 58
3.10 氰化钾(KCN) ……………………………………………………… 58
　　3.10.1 物理性质 ………………………………………………………… 58
　　3.10.2 化学性质 ………………………………………………………… 59
　　3.10.3 主要用途 ………………………………………………………… 59
3.11 高锰酸钾($KMnO_4$) ………………………………………………… 59
　　3.11.1 物理性质 ………………………………………………………… 59
　　3.11.2 化学性质 ………………………………………………………… 60
　　3.11.3 制备方法 ………………………………………………………… 61
　　3.11.4 主要用途 ………………………………………………………… 61
3.12 溴化钾(KBr) ……………………………………………………… 61
　　3.12.1 物理性质 ………………………………………………………… 61
　　3.12.2 化学性质 ………………………………………………………… 62
　　3.12.3 制备方法 ………………………………………………………… 62

  3.12.4 主要用途 ································································································ 62
3.13 碘化钾(KI) ·········································································································· 62
  3.13.1 物理性质 ································································································ 62
  3.13.2 化学性质 ································································································ 63
  3.13.3 制备方法 ································································································ 64
  3.13.4 主要用途 ································································································ 64
3.14 硫酸铝钾[$KAl(SO_4)_2 \cdot 12H_2O$] ······································································ 64
  3.14.1 物理性质 ································································································ 64
  3.14.2 化学性质 ································································································ 65
  3.14.3 主要用途 ································································································ 65
参考文献 ························································································································· 55

# 第4章 镁及其盐 ········································································································ 57
4.1 镁(Mg) ·················································································································· 57
  4.1.1 物理性质 ·································································································· 67
  4.1.2 化学性质 ·································································································· 67
  4.1.3 制备方法 ·································································································· 69
4.2 氧化镁(MgO) ······································································································· 70
  4.2.1 物理性质 ·································································································· 70
  4.2.2 化学性质 ·································································································· 71
  4.2.3 制备方法 ·································································································· 72
  4.2.4 主要用途 ·································································································· 74
4.3 氢氧化镁[$Mg(OH)_2$] ······················································································· 75
  4.3.1 物理性质 ·································································································· 75
  4.3.2 化学性质 ·································································································· 75
  4.3.3 制备方法 ·································································································· 76
  4.3.4 主要用途 ·································································································· 77
4.4 氯化镁($MgCl_2$) ································································································ 77
  4.4.1 物理性质 ·································································································· 77
  4.4.2 化学性质 ·································································································· 78
  4.4.3 制备方法 ·································································································· 79
  4.4.4 主要用途 ·································································································· 79
4.5 碳酸镁($MgCO_3$) ······························································································ 79
  4.5.1 物理性质 ·································································································· 79
  4.5.2 化学性质 ·································································································· 80
  4.5.3 主要用途 ·································································································· 80

4.6 碳酸氢镁[Mg(HCO$_3$)$_2$]·················································································81
    4.6.1 物理性质·····························································································81
    4.6.2 化学性质·····························································································81
4.7 硝酸镁[Mg(NO$_3$)$_2$]····················································································81
    4.7.1 物理性质·····························································································81
    4.7.2 主要用途·····························································································82
4.8 硫酸镁(MgSO$_4$)···························································································82
    4.8.1 物理性质·····························································································82
    4.8.2 化学性质·····························································································82
    4.8.3 制备方法·····························································································83
    4.8.4 主要用途·····························································································83
4.9 氟化镁(MgF$_2$)·····························································································83
    4.9.1 物理性质·····························································································83
    4.9.2 制备方法·····························································································83
    4.9.3 主要用途·····························································································84
4.10 碱式碳酸镁·································································································85
    4.10.1 物理性质···························································································85
    4.10.2 化学性质···························································································85
    4.10.3 制备方法···························································································85
    4.10.4 主要用途···························································································86
参考文献··················································································································87

# 第 5 章 硼及其盐·····························································································89
5.1 硼(B)············································································································89
    5.1.1 物理性质·····························································································89
    5.1.2 化学性质·····························································································89
    5.1.3 含量分布·····························································································90
    5.1.4 制备方法·····························································································90
    5.1.5 主要用途·····························································································91
5.2 氧化硼(B$_2$O$_3$)·····························································································91
    5.2.1 物理性质·····························································································91
    5.2.2 化学性质·····························································································92
    5.2.3 制备方法·····························································································92
    5.2.4 主要用途·····························································································93
5.3 氯化硼(BCl$_3$)·······························································································93
    5.3.1 物理性质·····························································································93

  5.3.2　化学性质 ·········· 93
  5.3.3　制备方法 ·········· 93
5.4　碳化硼($B_4C$) ·········· 94
  5.4.1　物理性质 ·········· 94
  5.4.2　化学性质 ·········· 94
  5.4.3　主要用途 ·········· 94
5.5　硼氢化锂($LiBH_4$) ·········· 94
  5.5.1　物理性质 ·········· 94
  5.5.2　化学性质 ·········· 95
  5.5.3　制备方法 ·········· 95
  5.5.4　主要用途 ·········· 96
5.6　三硫化二硼($B_2S_3$) ·········· 96
  5.6.1　物理性质 ·········· 96
  5.6.2　化学性质 ·········· 97
  5.6.3　制备方法 ·········· 97
5.7　三氟化硼($BF_3$) ·········· 97
  5.7.1　物理性质 ·········· 97
  5.7.2　化学性质 ·········· 97
  5.7.3　制备方法 ·········· 97
  5.7.4　主要用途 ·········· 99
5.8　磷化硼(BP) ·········· 99
  5.8.1　物理性质 ·········· 99
  5.8.2　化学性质 ·········· 100
  5.8.3　制备方法 ·········· 100
5.9　硼化硅($BSi_6$) ·········· 100
  5.9.1　物理性质 ·········· 100
  5.9.2　主要用途 ·········· 100
5.10　硼化钙($CaB_6$) ·········· 100
  5.10.1　物理性质 ·········· 101
  5.10.2　制备方法 ·········· 101
  5.10.3　主要用途 ·········· 101
5.11　硼氢化钠($NaBH_4$) ·········· 101
  5.11.1　物理性质 ·········· 101
  5.11.2　化学性质 ·········· 101
  5.11.3　制备方法 ·········· 101

5.11.4　主要用途 … 102
## 5.12　硼化铝($AlB_2$) … 102
### 5.12.1　物理性质 … 102
### 5.12.2　化学性质 … 102
### 5.12.3　制备方法 … 102
## 5.13　硼化铁(FeB) … 103
### 5.13.1　物理性质 … 103
### 5.13.2　化学性质 … 103
### 5.13.3　制备方法 … 103
## 5.14　硼化锆($ZrB_2$) … 103
### 5.14.1　物理性质 … 103
### 5.14.2　制备方法 … 104
### 5.14.3　主要用途 … 104
## 5.15　硼化铪($HfB_2$) … 105
### 5.15.1　物理性质 … 105
### 5.15.2　化学性质 … 105
### 5.15.3　制备方法 … 105
### 5.15.4　主要用途 … 105
## 5.16　硼酸($H_3BO_3$) … 105
### 5.16.1　物理性质 … 105
### 5.16.2　化学性质 … 106
### 5.16.3　制备方法 … 106
### 5.16.4　主要用途 … 107
## 5.17　硼酸钠($Na_2B_4O_7$) … 108
### 5.17.1　四硼酸钠 … 108
### 5.17.2　十水盐硼酸钠($Na_2B_4O_7 \cdot 10H_2O$) … 108
### 5.17.3　五水盐硼酸钠($Na_2B_4O_7 \cdot 5H_2O$) … 108
### 5.17.4　制备方法 … 109
### 5.17.5　主要用途 … 109
## 5.18　硼酸钙($xCaO \cdot yB_2O_3 \cdot nH_2O$) … 109
### 5.18.1　物理性质 … 109
### 5.18.2　制备方法 … 109
### 5.18.3　主要用途 … 110
## 5.19　方硼石($Mg_3[B_7O_{12}]OCl$) … 110
## 5.20　硼酸镁晶须($Mg_2B_2O_5$) … 111

  5.20.1 理化性质 111
  5.20.2 制备方法 111
  5.20.3 主要用途 111
 5.21 硼酸锰 111
  5.21.1 理化性质 111
  5.21.2 制备方法 111
  5.21.3 主要用途 111
 5.22 硼酸锌 112
  5.22.1 物理性质 112
  5.22.2 制备方法 112
  5.22.3 主要用途 112
 5.23 硼酸铜 112
  5.23.1 理化性质 112
  5.23.2 制备方法 112
  5.23.3 主要用途 113
 参考文献 113

# 第6章 锂及其盐 116
 6.1 锂(Li) 116
  6.1.1 物理性质 116
  6.1.2 化学性质 116
  6.1.3 制备方法 117
  6.1.4 主要用途 117
 6.2 氧化锂($Li_2O$) 118
  6.2.1 物理性质 118
  6.2.2 化学性质 118
  6.2.3 制备方法 118
  6.2.4 主要用途 119
 6.3 氢氧化锂(LiOH) 119
  6.3.1 物理性质 119
  6.3.2 化学反应 119
  6.3.3 制备方法 120
  6.3.4 主要用途 121
 6.4 氢化锂(LiH) 121
  6.4.1 物理性质 121
  6.4.2 化学性质 122

  6.4.3 主要用途 ··································································· 122
6.5 氮化锂($Li_3N$) ······································································ 122
  6.5.1 物理性质 ··································································· 122
  6.5.2 化学反应 ··································································· 122
  6.5.3 主要用途 ··································································· 123
6.6 碳酸锂($Li_2CO_3$) ·································································· 123
  6.6.1 物理性质 ··································································· 123
  6.6.2 化学性质 ··································································· 123
  6.6.3 制备方法 ··································································· 123
  6.6.4 主要用途 ··································································· 126
6.7 钴酸锂($LiCoO_2$) ·································································· 126
  6.7.1 物理性质 ··································································· 126
  6.7.2 化学性质 ··································································· 126
  6.7.3 制备方法 ··································································· 127
  6.7.4 主要用途 ··································································· 127
参考文献 ················································································ 127

## 第 7 章 铷和铯 ·········································································· 130
7.1 铷(Rb) ············································································· 130
  7.1.1 物理性质 ··································································· 130
  7.1.2 化学性质 ··································································· 131
  7.1.3 制备方法 ··································································· 131
  7.1.4 主要应用 ··································································· 131
7.2 氯化铷(RbCl) ······································································ 132
  7.2.1 物理性质 ··································································· 132
  7.2.2 主要用途 ··································································· 132
7.3 铯(Cs) ············································································· 132
  7.3.1 物理性质 ··································································· 133
  7.3.2 化学性质 ··································································· 133
  7.3.3 制备方法 ··································································· 134
  7.3.4 主要应用 ··································································· 134
7.4 氢氧化铯(CsOH) ··································································· 135
  7.4.1 物理性质 ··································································· 135
  7.4.2 化学性质 ··································································· 135
  7.4.3 制备方法 ··································································· 136
  7.4.4 主要用途 ··································································· 136

参考文献 …………………………………………………………………………… 136
# 第8章　锶及其盐 ……………………………………………………………… 137
## 8.1　锶(Sr) …………………………………………………………………… 137
### 8.1.1　物理性质 …………………………………………………………… 137
### 8.1.2　化学性质 …………………………………………………………… 138
### 8.1.3　制备方法 …………………………………………………………… 139
### 8.1.4　主要用途 …………………………………………………………… 139
## 8.2　氯化锶($SrCl_2$) …………………………………………………………… 139
### 8.2.1　物理性质 …………………………………………………………… 139
### 8.2.2　化学性质 …………………………………………………………… 139
### 8.2.3　制备方法 …………………………………………………………… 140
### 8.2.4　主要用途 …………………………………………………………… 140
## 8.3　溴化锶($SrBr_2$) …………………………………………………………… 140
### 8.3.1　物理性质 …………………………………………………………… 140
### 8.3.2　制备方法 …………………………………………………………… 140
### 8.3.3　主要用途 …………………………………………………………… 140
## 8.4　碘化锶($SrI_2$) ……………………………………………………………… 140
### 8.4.1　物理性质 …………………………………………………………… 140
### 8.4.2　制备方法 …………………………………………………………… 141
### 8.4.3　主要用途 …………………………………………………………… 141
## 8.5　硫酸锶($SrSO_4$) …………………………………………………………… 141
### 8.5.1　物理性质 …………………………………………………………… 141
### 8.5.2　化学性质 …………………………………………………………… 141
### 8.5.3　制备方法 …………………………………………………………… 141
### 8.5.4　主要用途 …………………………………………………………… 141
## 8.6　碳酸锶($SrCO_3$) …………………………………………………………… 142
### 8.6.1　物理性质 …………………………………………………………… 142
### 8.6.2　制备方法 …………………………………………………………… 142
### 8.6.3　主要用途 …………………………………………………………… 143
## 8.7　硝酸锶[$Sr(NO_3)_2$] ………………………………………………………… 143
### 8.7.1　物理性质 …………………………………………………………… 143
### 8.7.2　化学性质 …………………………………………………………… 143
### 8.7.3　制备方法 …………………………………………………………… 144
### 8.7.4　主要用途 …………………………………………………………… 144
## 8.8　氯酸锶[$Sr(ClO_3)_2$] ……………………………………………………… 144

- 8.8.1 物理性质 ... 144
- 8.8.2 化学性质 ... 145
- 8.8.3 制备方法 ... 145
- 8.8.4 主要用途 ... 145
- 8.9 溴酸锶[$Sr(BrO_3)_2$] ... 145
  - 8.9.1 物理性质 ... 145
  - 8.9.2 化学性质 ... 145
  - 8.9.3 制备方法 ... 146
  - 8.9.4 主要用途 ... 146
- 8.10 氟化锶($SrF_2$) ... 146
  - 8.10.1 物理性质 ... 146
  - 8.10.2 制备方法 ... 146
  - 8.10.3 主要用途 ... 147
- 参考文献 ... 147

# 第9章 卤素 ... 149
- 9.1 氯 ... 149
  - 9.1.1 理化性质 ... 149
  - 9.1.2 主要用途 ... 149
- 9.2 溴 ... 150
  - 9.2.1 理化性质 ... 150
  - 9.2.2 制备方法 ... 151
  - 9.2.3 主要用途 ... 152
- 9.3 碘 ... 152
  - 9.3.1 理化性质 ... 152
  - 9.3.2 制备方法 ... 153
  - 9.3.3 主要用途 ... 154

# 第1章 盐湖资源概述

## 1.1 盐湖简介

盐湖是在干旱和强烈的蒸发气候及封闭或半封闭的水文条件下形成的湖水含盐度较高的咸水体,是湖泊的一种。盐湖是根据水体含可溶盐的浓度来界定的,但地质学和生物学界对水体的含盐度有不同的标准[1]。地质学家通常以 $w(\text{NaCl})=3.5\%$ 为盐湖含盐度的下限,生物学家通常以更低的含盐度 $w=0.3\%$ 来作为下限。盐湖是多因素综合作用的产物,不仅含有钠、钾、锂、镁、硼、溴、氯、石盐(氯化钠的矿物)、芒硝等医药、化工、农业、建筑、冶金等原料,而且含有铷、铯、锶、沸石等工业原料,是一种综合性的无机盐、嗜盐生物和旅游疗养资源,又是大自然的信息库和天然实验室,具有重要的经济价值和社会效益[2]。

### 1.1.1 形成条件

盐湖形成需要一定的自然条件,其中最主要的有以下两点。

(1) 干旱或半干旱的气候。在干旱或半干旱的气候条件下,湖泊的蒸发量往往超过湖泊的补给量,湖水不断浓缩,含盐量日渐增加,使水中各种元素达到饱和或过饱和的状态,在湖滨和湖底形成了各种不同盐类的沉积矿床。例如,海拔 2600~3200 m 的柴达木盆地,深居内陆,四周为绵延的山脉所屏障,又常年在中纬度西风环流影响之下,水汽的输送量和降水量都很稀少,空气干燥,是一个典型的内陆荒漠盆地。位于盆地东北缘的茶卡盐池,年降水量约 210 mm,盆地中心的察尔汗盐湖年降水量仅 30 mm 左右。这里的蒸发量远远大于降水量,这样的气候条件,对于盐湖的形成显然是十分有利的,因而在盆地内部分布了众多的盐湖。气候如极度干燥、终年无雨,或者降水稀少,也不利于盐湖的形成。例如,在新疆塔克拉玛干沙漠、古尔班通古特沙漠内部,沙丘绵亘,地表无径流产生,盐类呈分散状态,这些地区就难以形成盐湖。

(2) 封闭的地形和一定的盐分与水量的补给。封闭的地形使流域内的径流向湖泊汇集,湖水不致外泄,盐分通过径流源源不断地从流域内向湖泊输送。在强烈的蒸发作用下,湖水越来越咸,盐分越积越多,久而久之,就形成了盐湖。

在盐湖地区,常常可以看到环湖有一圈圈银白色的盐带,宛若戴在盐湖上的美丽项圈。这种自然现象是盐类物质自流域向盐湖迁移的一个有力证据。因为溶解于水体中的各种盐类从流域向盐湖的迁移过程中，水分逐渐蒸发，浓度不断增大，一旦达到饱和或过饱和状态，就会产生沉淀作用。但是由于各种盐类的溶解度不同，所以呈现出一定的沉淀顺序，从物质来源的上游到盐湖之间，各种盐类沉积物有明显的环带状分布规律。例如在昆仑山北麓的一些盐湖地区，靠近山区的地段为硼盐带，近湖地段为芒硝带，湖内则沉积有食盐和光卤石。

盐湖不仅可以形成于大陆，也可由海湾演变而成。浩瀚无垠的海洋，每升水中的平均含盐量为35g。如果海湾因沿岸带沙坝的逐渐发展、扩大而与海洋隔离，成为封闭状态，兼之气候干燥炎热，水体在强烈的蒸发作用下，盐度将不断增高，最后也会形成盐湖，产生各种盐类沉积。这种由海湾演变而成的盐湖称为海成盐湖。中国近代的盐湖均属于大陆盐湖。盐湖是干旱造就的一种奇特景观。

### 1.1.2 类型

由于盐湖分布区域广泛，分布在众多的大小不同的山川盆地，因其地质、水文和地球化学背景不同，盐湖的类型也不同。通常盐湖按照卤水赋存状态、主要盐类沉积物和卤水的化学成分这三类种方式来分类。

1. 盐湖卤水赋存状态分类

按盐湖卤水赋存状态分类，盐湖可分为卤水湖、干盐湖和沙下湖。

卤水湖：一年四季湖盆中都有表面卤水存在，而盐类沉积仅见于岸边或湖底某些部位；湖水在一年四季中有涨有落，但湖中总有自由表面卤水。

干盐湖：在一年内绝大部分时间是干枯的，只有在潮湿季节才有暂时性的表面卤水。裸露地表的干盐滩由于日晒和强烈蒸发，地下卤水析盐膨胀造成地表龟裂，更由于常年风吹、雨淋、日晒蒸发，形成了巨大的盐壳。察尔汗盐湖就是一个巨大的干盐湖。

沙下湖：以全年内均无表面卤水为特征的一类盐湖。晶间卤水的水位远比干盐湖的埋藏深度大，并且因卤水很少跟外界交换，水位较为平稳，只有降水下渗或盐类自析才稍为引起水位的微小波动。沙下湖另一个直观的特点是在其盐类沉积的顶部往往有或厚或薄的浮土和流沙覆盖，全年均无地表径流的补给。

2. 盐湖主要盐类沉积物分类

按盐湖的主要盐类沉积矿物，盐湖可分为石盐湖、芒硝湖、碱湖、硼酸盐盐湖和钾镁盐盐湖。

3. 卤水的化学成分分类

按盐湖卤水的化学成分分类是我国在盐湖分类上应用最广的，可分为碳酸盐类型、硫酸盐类型(包括硫酸钠亚型和硫酸镁亚型)和氯化物类型。

## 1.2 我国与世界盐湖资源

### 1.2.1 我国盐湖资源分布的基本特征

盐湖是在特定自然地质环境下的产物，其基本形成条件是适宜的气候、地形和水盐补给。我国是一个多盐湖的国家，据不完全统计，有 1500 多个。其主要分布在我国的西部和北部，从西到东依次为，新疆、青海、西藏、甘肃、内蒙古、陕西、宁夏、山西、河北、辽宁、吉林、黑龙江以及渤海湾地区，介于北纬 32°~49°之间。其中西藏、青海、新疆和内蒙古盐湖数量最多，甘肃、宁夏及黑龙江等数量较少[3]。我国盐湖可划分为四个区域，分别为青藏高原盐湖区、西北部盐湖区、东北部盐湖区和东部分散盐湖区。

(1) 青藏高原盐湖区：青藏高原是亚洲内陆高原，一般海拔在 3000~5000m 之间，平均海拔 4000m 以上，是中国最大、世界最高的高原，介于北纬 26°~39°之间，东经 73°~104°之间。其南起喜马拉雅山脉南缘，北至昆仑山、阿尔金山、祁连山北缘，西至帕米尔高原，东至横断山。在广袤的青藏高原上，星罗棋布地分散着约 1055 个湖泊，占全国总湖泊数量的 39.2%。在这些湖泊中，盐湖数量约 334 个，占青藏高原地区湖泊总数的 34.8%，其中钾镁盐湖[$w(KCl) \geqslant 1\%$]6 个[4]。青藏高原盐湖众多，呈带状集中分布，以富集钾、镁、硼、锂、铯等元素为重要特点。区内盐湖矿床主要分布在柴达木盆地和羌塘高原。柴达木盆地可分为察尔汗湖区，东、西台吉乃尔—里坪湖区，大、小柴旦湖区，马海内陆湖区，昆特依湖区，大浪滩湖区和尕斯库勒七个湖区，其面积大约 597000km$^2$。羌塘高原按卤水化学类型从南向北可分为碳酸盐型盐湖带、硫酸盐亚型盐湖带和硫酸镁亚型带。青藏高原盐湖的资源储量十分巨大，尤其以钾、镁、硼、锂、铯资源量大为特点。共生特色资源也是青藏高原盐湖区的一大特色。察尔汗盐湖区多为钠、镁、钾、锂；东、西台吉乃尔—里坪湖区为锂、镁、钾；大、小柴旦湖区为硼、锂、钾、镁；马海内陆湖区、尕斯库勒为钾、镁；大浪滩湖区为钠、钾、镁。西藏盐湖矿床大多数为锂、硼、钾、钠、铯。西藏盐湖矿床较青海盐湖的钾储量低[5,6]。

(2) 西北部盐湖区：该区位于青藏高原盐湖区北面的中国地貌"第二台阶"，地形下降至 2000~1000m 以下，其东起贺兰山-狼山，西至国境，与哈萨克斯坦等国接壤。本亚区受地质构造控制呈巨大盆地和山脉与高原相间，本盐湖区盐湖海拔一般 1500~500m，个别盐湖(吐鲁番艾丁湖)海拔降到−155m。主要盆地有塔里木盆地(海拔 800~1000m)、准噶尔盆地(200~1500m)、河西走廊(1000~2000m)

和阿拉善高原(500~1500m)。本区多位于稳定的地质构造区,以产普通盐湖为主,但个别盐湖规模大,构成钾镁盐湖(罗布泊)。由于本区位于塔里木、天山盆地,属暖温带,气候极为干旱、且夏季气温很高,因此在戈壁区形成规模巨大的硝酸盐资源[7]。

(3) 东北部盐湖区:本区仍位于"第二台阶",地处青藏高原盐湖区、西北部盐湖区的东北,北邻蒙古国,东以太行山-大兴安岭为界,包括鄂尔多斯高原(海拔 1000~1500m)、内蒙古高原(海拔 1000~2000m)和呼伦贝尔盆地(海拔 200~500m)。该亚区多属地质构造稳定区,按现代气候区划属于中温带亚干旱至干旱区。本区盐湖规模较小,以产芒硝、天然碱和石盐的普通盐湖为主。

(4) 东部分散盐湖区:分布于中国东北部温带亚潮湿区闭流盆地和西南的高原亚寒带山间牛轭湖,由东北往西南零星分布有:嫩江盐湖亚区、滨海地下卤水湖亚区、运城盐湖亚区、黄河源局部盐湖亚区。嫩江盐湖亚区、黄河源局部盐湖亚区盐湖系间歇性干旱期形成中小型盐湖,均在年降水量≤500mm 区域;而滨海地下卤水湖亚区、运城盐湖亚区均在年降水量>500mm 的暖温带亚湿润区,且运城盐湖亚区的运城盐湖规模较大,它的成因与其更新世成盐历史和人类早期筑堤排洪有关。分布于渤海岸带的滨海地下卤水湖亚区,为地下孔隙卤水湖,是由局部滨海洼地碎屑层孔隙中由全新世早期海水浓缩形成的卤水层。

东部分散盐湖区除运城盐湖发育有第四纪早期白钠镁矾和芒硝沉积外,均为全新世以来的现代小规模盐湖。

东部分散盐湖区均为普通盐湖,但由于位于中国中原或沿海发达地区,对其盐湖开发和环境保护较好,如开发历史悠久的运城盐湖[6]。

较为典型的盐湖分述如下。

青海的盐湖。青海的盐湖主要分布在柴达木盆地,这里有察尔汗、茶卡、达布逊、大柴旦、小柴旦等 30 多个盐湖,湖中含有近万种矿物和 40 余种化学成分的卤水,是我国无机盐工业的重要宝库。盐类形状十分奇特,有的像璀璨夺目的珍珠,有的像盛开的花朵,有的像水晶,有的像角宝石,因此才有珍珠盐、玻璃盐、钟乳盐、珊瑚盐、水晶盐、雪花盐、蘑菇盐等许多美丽动人的名称。

内蒙古的盐湖。内蒙古是我国盐湖分布最多的地区,共有 375 个盐湖,盐湖面积 1441km$^2$。内蒙古高原盐湖分布不均匀,具有明显的区域性特征,主要集中在呼伦贝尔高原、锡林郭勒高原、鄂尔多斯高原和阿拉善高原,虽然其面积仅占内蒙古的 1/2,但盐湖数量占全区总数目的 80%。尤其是呼伦贝尔高原的海拉尔盆地、锡林郭勒高原的二连盆地和玛塔拉丘间洼地、鄂尔多斯高原的库布齐沙地和毛乌素沙地以及阿拉善高原的腾格里沙漠和巴丹吉林沙漠,盐湖成群成组出现。但内蒙古盐湖面积都比较小,绝大多数盐湖面积在 100km$^2$ 以下,基本上是小盐湖群集的高原盐湖分布区。面积超过 $100km^2$ 的大盐湖只有两个:西居延海(嘎顺诺尔)和吉兰泰盐湖。此外,面积较大的盐湖还有哈登贺少湖、鸡龙同古湖、古乃尔湖、查哈诺尔、查干诺尔(查干里门诺尔)、湖洞察汗淖、额吉淖尔等。

山西的盐湖。运城盐池,亦称盐海、银湖。位于运城市南,中条山下,涑水河畔。总面积为 $130km^2$,由鸭子池、盐池、硝池等几个部分组成。盐池所出产的盐,是水卤经日光曝晒而成,颜色洁白,质味纯正,杂质少,并含有多种铱钙物质。运城盐池是全国有名的产盐地之一。

班戈错的盐湖。班戈错,也称班戈湖、硼砂湖,由班戈Ⅰ湖、班戈Ⅱ湖和班戈Ⅲ湖组成;位于西藏自治区那曲地区班戈县多巴区境内。戈错盐湖资源主要是固体盐类资源和盐湖卤水资源。盐湖卤水资源分为湖表卤水和晶间卤水两大类型,为高矿化度卤水,水化学类型为碳酸盐型。湖表卤水分布在班戈Ⅰ湖和班戈Ⅲ湖,晶间卤水分布班戈Ⅱ湖和班戈Ⅲ湖。

海原县的盐湖。固原盐湖,在海原县城西部偏北,四面为群山环抱,海原——靖远公路横穿东西。盐湖为唐代十八盐池之一——河地,西夏人称之为碱隈川,盐湖东南缘有北宋定界堡(今名东堡子)和明代于盐池城(今名老城),现属海原县盐池乡盐池村。

新疆的盐湖。新疆是我国面积最大的干旱—半干旱盐湖分布区,包括卤水湖和干盐湖共 112 个盐湖,面积 $10789km^2$。其中,阿尔泰山、天山和昆仑-阿尔金山次一级山间盆地,有盐湖 81 个,为主要盐湖分布区,但山间盆地盐湖平均面积 $32.83km^2$,为小盐湖居多的盐湖分布区;准噶尔和塔里木两个巨大的一级内陆盆地,仅有盐湖 31 个,为次要盐湖分布区,但这两个内陆盆地盐湖平均面积 $262.24km^2$,为大盐湖居多的盐湖分布区。

## 1.2.2 世界盐湖资源分布的基本特征

世界盐湖可分为两带一区:即北半球盐湖带、南半球盐湖带和赤道盐湖区。

北半球盐湖带位于北纬 12°～63°之间,但主要集中分布于北纬 30°～50°,南半球盐湖带位于南纬 10°～45°之间,赤道盐湖区位于北纬 5°～南纬 5°。但世界上大多数盐湖是集中在北半球盐湖带上,特别是亚非大陆上。

1. 北半球盐湖带

北半球盐湖带主要有亚非大陆盐湖区和北美大陆盐湖区。

(1) 亚非大陆盐湖区:位于东经 135°～西经 8°之间,其中包括中国、伊朗、印度、巴勒斯坦、埃塞俄比亚、乍得、利比亚、埃及、土耳其和俄罗斯等国的盐湖。

非洲中部的盐湖:包括乍得和埃塞俄比亚的盐湖。乍得的盐湖分布在乍得湖的东北岸,卤水属于高矿化度的碳酸盐型;埃塞俄比亚盐湖主要分布于达纳基尔凹陷中段的黑山和圆山附近，是由于地下冒出的热卤水泉形成的一些卤水池，同时伴随着许多盐类析出。黑山热卤水由高温(达 130℃)饱和的 $MgCl_2$ 构成，同时约含 2%KCl 和 1% NaCl，立即析出水氯镁石和光卤石；圆山卤水含 K、Na、Mg 和 Ca 以及微量的 Sr、Br 和 B。

非洲北部的盐湖：包括利比亚、埃及、摩洛哥等地的盐湖。埃及盐湖是碳酸钠型，含有大量的碱和石盐。利比亚的玛拉达盐湖属于硫酸镁亚型。摩洛哥的则马湖的钾元素含量较高；红海热卤水中钠含量比死海要高。

亚洲西部盐湖：土耳其、伊朗、印度等地的盐湖。其中最大的盐湖是巴勒斯坦、以色列以及约旦交界处的死海，其含盐量在世界居第三位。死海含 NaCl、KCl、$MgCl_2$、$MgBr_2$ 和 $CaSO_4$。土耳其的图兹湖属于碳酸型盐湖。伊朗的雷扎纳湖含有较高的钾；印度的萨姆哈尔硼矿物含量较高，而萨巴哈尔湖卤水主要含氯化钠、碳酸盐和硫酸盐，含有极少量的碳酸钙和碳酸镁；内蒙古的盐湖矿化物较低。

(2) 北美大陆盐湖区：美国盐湖主要分布在大盆地的西部和西南部。美国的大盐湖是西半球最大的盐湖，此湖湖水属于硫酸镁型。西尔斯湖为一个干盐湖，其盐体较为复杂。墨西哥盐湖主要是石盐、碳酸钠和少量硫酸钠，如特克斯科科湖。

2. 南半球盐湖带

南半球盐湖带主要有非洲南部、澳大利亚和南美洲的盐湖。

(1) 非洲南部盐湖：主要在北比勒陀利亚地区靠近索尔特-布固火山的一个盆地中，属于碳酸盐类型。

(2) 澳大利亚盐湖：主要分布在澳大利亚的西部和南部。

(3) 南美洲盐湖：分布在秘鲁、智利、玻利维亚、阿根廷和巴拉圭。其中，富硼盐湖主要分布在秘鲁南部、玻利维亚西南部、智利东北部和阿根廷北部。秘鲁盐湖主要在靠近火山的封闭盆地中，硼酸盐类型盐湖居多；智利的盐湖主要是干盐湖，多为硼矿；阿根廷盐湖和玻利维亚盐湖与智利盐湖相似，主要为钠硼解石和少量的硼砂。南美地区还有一些钾盐湖和硫酸钾矿物。

3. 赤道盐湖区

赤道盐湖区主要分布在乌干达、肯尼亚和坦桑尼亚境内。

## 1.2.3 我国与世界盐湖资源的开发利用以及面临的问题

人类对盐湖的认识和开发历史悠久，距今已经有 4600 多年。对盐湖的研究与开发可大体分为四个阶段：19 世纪以前，主要是开采盐湖石盐食用；19 世纪初到 20 世纪初期，人们采用物理化学为主导的分析方法对盐湖进行研发；20 世纪中叶，如生物学、化学工艺学和传统地质学等多个学科领域共同综合地对盐湖进行研究，中国也开始大规模地对盐湖进行开发利用；到了七八十年代，新的技术与更多的学科结合起来对盐湖进行综合开发研究。

在我国盐湖资源开发过程中存在三个典例。第一是山西运城解池，在1949年前主要开采食盐，1949~1970年间逐渐生产无水硫酸钠、硫化钠、石盐，2002年后，开始发展盐湖旅游副产品，生产黑泥面膜及化妆品，对盐湖资源有了更深层次地利用。第二是内蒙古兰泰盐湖，乾隆元年就开始生产少量的食盐，20世纪40年代开采原生盐，1949~1965年开始手工生产石盐，1965年后，技术上取得进展，开始生产精制盐、加碘盐和盐藻加工$\beta$-胡萝卜素、纯碱和金属钠。第三是目前中国最大的钾盐矿山的察尔汗盐湖，也是开发最为成功的盐湖之一。

我国西部地区盐湖分布广泛，数量多，但受自然环境和开发技术的限制，因此不能够很好地利用到盐湖的矿产、生物等资源。盐湖的开发不仅可以满足国家建设对资源的需求，对西部的建设和社会稳定具有重要的意义。

问题：盐湖是一种综合性的资源，除了矿产、生物和水资源以外，还具有极高的旅游、医疗和科研价值。长期单一的不合理开发，导致盐湖卤水"老化"现象频发，一部分盐湖资源已逐步转化为尾矿、贫矿等低品位资源。在盐湖开发的过程中，出现资源的贫化、浪费及环境污染等问题也使得盐湖资源开发的前景蒙上一层阴影。要实现经济与环境使得双赢，而不是只顾经济效益。将低品位资源转向高附加值的产品，对资源进行有效地循环利用。

## 1.3 盐湖工业及产品

### 1.3.1 无机盐产品

1. 钾化合物产品

我国是一个农业大国，据调查，全国84%的土地缺钾，钾肥实际产量远不及所需，农业生产中因施用的氮、磷、钾比例失调，化肥效益逐步下降。尽管我国钾肥生产量不断增加，但在表观消费量中所占比重仍不足10%。我国的钾盐资源主要属于陆相盐湖类型钾盐，在青海以及新疆地区的现代盐湖中有广泛的分布，目前探明的资源储量大约为10亿t。钾盐作为一种重要的化工原料，同时也是三大农肥之一[8]。提取钾盐原料通常源自钾盐矿和含钾卤水。青海的柴达木盆地是主要的钾盐蕴藏区之一，其中，包括察尔汗盐湖在内的现代盐湖11个，其钾盐资源储量大约为7亿t。而在新疆地区的罗布泊盐湖中目前已探明的钾盐储量大约为2.5亿t。在西藏地区的现代盐湖中，已探明的钾盐储量大约为0.5亿t。此外，在我国的内蒙古地区、云南部分地区以及湖北的潜江地区也有钾盐资源的少量分布。我国钾肥利用的矿区主要在青海省。虽然地壳中钾的含量较高，但是以可溶性钾盐存在的形式并不多，在钾盐的开发与利用上技术还不是很先进，需要进一步改善技术开辟新的途径。

(1) 氯化钾：主要用于无机工业，是制造各种钾盐或碱如氢氧化钾、硫酸钾、硝酸钾、氯酸钾、红矾钾等的基本原料。其在医药工业中用作利尿剂及防治缺钾症的药物，在染料工业中用于生产 G 盐、活性染料等，在农业上则用作钾肥。其肥效快，直接施用于农田，能使土壤下层水分上升，有抗旱的作用，但在盐碱地及对烟草、甘薯、甜菜等作物不宜施用。氯化钾口感上与氯化钠相近(苦涩)，也用作低钠盐或矿物质水的添加剂。此外，还用于制造枪口或炮口的消焰剂，钢铁热处理剂，以及用于照相。它还可用于医药，食品加工，食盐里面也可以以部分氯化钾取代氯化钠，以降低高血压的可能性。

(2) 硫酸钾：硫酸钾是制造各种钾盐的基本原料、玻璃工业的澄清剂、染料中间体、香料助剂、医药工业缓泻剂。作为主要无氯钾肥，同时具有钾元素、硫元素双重肥效，适用于经济作物，对烟草、甘蔗、蔬菜、甜菜等作物有特殊作用，既可以提高作物的产量，又可以提高作物的品质。对于长期施用磷肥造成的土壤氮磷钾含量严重失衡缺钾的地区更为适合。目前，全世界硫酸钾的年消费量超过 $4.2×10^6$ t，主要生产于德国、比利时、美国等地，其中德国硫酸钾产量近 $1.0×10^6$ t。中国近几年硫酸钾生产能力逐步上升，2020 年生产能力达 $4.33×10^7$ t，但均是采用传统的"以钾换钾"模式，生产工艺主要有"曼海姆法""芒硝法"等，而且生产规模较小，难以形成规模效益，产品价格随 KCl 原料的波动变化较大，成本居高不下，此外，上述硫酸钾生产工艺还具有能耗高、污染严重等缺点。

2. 镁化合物产品

我国对镁资源的开发越来越重视，国内外对镁资源的开发利用技术有很多，盐湖镁产品的种类也很多。

(1) 氯化镁：氯化镁是一种重要的化工产品，广泛用于冶金、建筑、纺织、医药、食品、农业等领域，其中食品工业中用于豆制品凝聚剂，人造奶油、香肠、食盐添加剂等。我国是氯化镁资源非常丰富的国家，氯化镁的来源一是海水制盐的母液，我国海盐年产量 3000 万 t 以上，年产苦卤 3000 万 $m^3$，含氯化镁资源量约为 300 万 t；二是利用青海盐湖资源生产氯化钾的母液，氯化钾年产量已达 700 万 t，氯化镁资源为 7000 万 t。由于目前氯化镁的资源量远大于消费量，因此无论是制盐母液中的氯化镁，还是盐湖提钾后的镁资源利用率都很低。

(2) 氢氧化镁：氢氧化镁可用于塑料、橡胶的阻燃和补强。该产品在生产、使用以及废弃物的处理过程中均无毒、无害，属绿色产品[9,10]。在青海盐湖镁资源综合利用中，盐田卤水经日晒、自然蒸发，再经除卤净化，得到氯化镁，再制备氢氧化镁。

(3) 氧化镁：氧化镁的开发应用是镁资源综合利用的一个重要方面。目前利用卤水生产氧化镁的方法主要有石灰法、碳铵法、氨法、纯碱法。以上方法都在液相中反应，通过加入沉淀剂、洗涤剂和化学精制等方法除去杂质离子，保持碱式碳酸镁或氢氧化镁的纯度，最后煅烧制得纯度较高的氧化镁。

(4) 金属镁及合金：镁合金由于质轻、易回收和具有良好的抗震和屏蔽电磁波的性能，被誉为21世纪绿色结构工程材料，广泛应用于航空航天、汽车领域、电信产品以及国防军工等领域。利用盐湖生产金属镁和镁合金，可以有效利用盐湖资源，同时对钾盐的可持续生产具有重要的保证。

(5) 硫酸镁：硫酸镁在医药、化肥、饲料、化工材料等方面具有广泛用途；作为硫镁肥可直接施用。目前，中国硫酸镁的生产工艺主要有硫酸法和海湖苦卤法；在罗布泊生产硫酸镁必须与硫基钾镁肥统筹规划，即利用 $1.2×10^6$ t/a 钾肥项目的泻利盐盐田低品位含钾矿物加工硫酸钾镁肥时联产七水硫酸镁，再经干燥脱水制取硫酸镁系列产品。

(6) 食用级氯化镁：食用氯化镁主要用作食品生产的添加剂。其作为凝固剂在豆制品生产中的应用尤为广泛，同时，食用氯化镁在食品加工过程中，作为固化剂、膨松剂、蛋白凝固剂、助酵剂、除水剂、组织改进剂等；在医药、食盐、矿泉水、面包、水产保鲜、瓜果蔬菜等行业的生产加工过程中都得到广泛的应用。我国食品级氯化镁生产企业较少，生产原料以青海卤晶为主，制盐母液由于含有杂质盐并带有颜色，处理费用较高，目前基本上没有作为食用氯化镁原料。食品氯化镁行业集中度较高，行业有一定的进入壁垒，今后几年行业集中度会出现继续增长趋势。除高端技术产品之外，我国食品级氯化镁生产所需要的技术及原材料已经基本自给，但是大部分生产规模偏小，高端产品与国外相比不占优势。从细分市场来看，整个行业中，在生产食品级氯化镁领域只有少部分比较突出的企业。

3. 锂化合物产品

锂是自然界中最轻的金属，其金属和化合物是国民经济和国防建设中具有重要意义的战略物资，被誉为"推动世界进步的能源金属"。全球锂资源总量中，卤水锂和矿石锂分别占62.6%和37.4%。目前，世界上已经探明的锂资源约为1100万t，其中卤水资源的储量超过70%，主要分布在南美安第斯山的智利、阿根廷和玻利维亚[11]。中国锂资源总量占全球锂资源总量的10.4%，其中卤水锂资源总量占全球卤水锂资源总量的12.0%，占中国锂资源总量的71.9%。我国的锂盐湖资源主要分布在青海和西藏两地，其中，青海盐湖资源中已编入矿产储量的锂矿产地10处，保有氯化锂储量2447.38万t。有察尔汗盐湖及别勒滩矿区2个特大型矿床，西台、东台吉乃尔湖和一里坪矿区3个超大型矿床，10个盐湖中锂含量达到工业品位的锂资源 892 万 t，可供开发利用。西藏盐湖资源主要分布在藏西北地区，其中卤水锂含量达到边界工业品位的盐湖有 80 个，其中大型以上的有 8 个，LiCl 资源储量为 1738.34 万 t，主要矿床有扎布耶、龙木错、结则茶卡、拉果错、鄂雅错等盐湖。LiCl 广泛应用在医药、生物、食品等领域，高纯氯化锂的应用前景更为广阔[12]。盐湖提锂主要是生产碳酸锂。盐湖卤水中锂资源的开发已成为锂资源开发利用得当的主要方向。

随着世界科技的进步，冶金业、医药行业、航空航天以及军事工业对锂资源的需求越来越多。锂代表着新型绿色能源和功能材料，已经成为减少化石能源消耗、保护环境的新世纪战略金属，关乎着国家战略能源安全。

### 1.3.2 附加产品

盐湖除蕴藏丰富的矿产资源外，还蕴藏着大量的生物资源。盐湖生物资源又可分为盐湖动物资源和盐湖植物资源。盐湖动物资源包括水禽类和喜盐虫类。盐湖植物资源是指生长在湖滨浅卤水中和盐湖盆地边缘及附近的耐盐碱植物。

独特生物活性、耐盐碱和耐旱的生物资源成为了人类未来蛋白质、食物色素的重要来源，还提供医疗保健产品。如盐藻、卤虫和盐湖底泥等。盐藻是一种耐高盐的浮游藻类，在高盐度和高光照的条件下积累胡萝卜素。盐藻是一种营养丰富且全面的单细胞藻类，富含 $\beta$-胡萝卜素、多糖、甘油、油脂和蛋白质等，同时含有较高的 Ca、P、Zn 等矿物质，人体必需氨基酸达 18 种之多。在适当的条件下，体内合成的 $\beta$-胡萝卜素可达细胞干重的 40%～50%。天然 $\beta$-胡萝卜素具有抑制肿瘤、防治肝病、抗氧化等作用。盐藻多糖具有明显增强肌体免疫和抑制 S180 肿瘤细胞增殖的功能，其抑瘤率高达 57%，此外还具有抑菌及抗炎作用[13]。卤虫是节肢动物门、甲壳动物亚门、鳃足纲、无甲目、卤虫科的一属性，又称盐水丰年虫或盐虫子。该属动物的卵和幼体富有营养价值，是养殖鱼虾贝类幼体的优质饵料，成体作为水产养殖动物饵料也普遍受到重视。盐湖底泥具有医疗保健的作用。以色列在利用盐湖底泥这一方面取得了极大的成功，开发出了许多湖泥保健产品，用于护肤美容，在世界各地都很受欢迎。

盐湖本身是一种秀美的湿地景观，使人心旷神怡，是潜在的优质旅游资源，图 1.1 为察尔汗盐湖风光。盐湖奇特绚丽的风光，吸引了大量游客。结合盐湖资源、地理环境，围绕文化、养生文化等理念，在这里还可以享受到独特的医疗和漂浮浴。国外在这方面开展历史较为悠久，如美国的大盐湖、以色列的死海。与此同时，我国也在大力地开发各种盐湖资源，确保能够得到充分利用。在我国的新疆、山西等地也开展了湖泥保健美容和漂浮浴。结合盐生生物如枸杞、麻黄碱，以及盐生生物餐饮开发，还可以批量生产一些色彩斑斓的盐雕、盐画和热敷盐旅游袋作为旅游纪念品，盐湖旅游资源的质量和内涵将极大提高[14]。

图 1.1 察尔汗盐湖

## 参 考 文 献

[1] 王淑丽, 郑绵平, 王永明, 等. 中国盐湖地球化学发展历程与研究进展[J]. 科学技术与二程, 2019, 19(9): 1-9.
[2] 郑绵平. 论中国盐湖[J]. 矿床地质, 2001, 20(2): 181-189, 128.
[3] 陈克造. 中国盐湖的基本特征[J]. 第四纪研究. 1992, (3): 193-202.
[4] 马荣华, 杨桂山, 段洪涛, 等. 中国湖泊的数量、面积与空间分布[J]. 中国科学: 地球科学, 2011, 41(3): 394-401.
[5] 汪傲, 赵元艺, 许虹, 等. 青藏高原盐湖资源特点概述[J]. 盐湖研究, 2016, 24(3): 24-29.
[6] 郑绵平, 刘喜方. 青藏高原盐湖水化学及其矿物组合特征[J]. 地质学报, 2010, 84(11): 1585-1600.
[7] 郑绵平. 中国盐湖资源与生态环境[J]. 地质学报, 2010, 84(11): 1613-1622.
[8] 边红利, 王楠, 赵仲鹤, 等. 国外盐湖综合利用进展[J]. 化学工业与工程技术, 2014, 35(2): 69-73.
[9] 鲍荣华, 亓昭英. 全球钾盐资源分布及钾肥供需形势分析[J]. 中国农资, 2011, (8): 42-46.
[10] 周园, 李丽娟, 吴志坚, 等. 青海盐湖资源开发及综合利用[J]. 化学进展, 2013, 25(10): 1613-1624.
[11] 马培华. 科学开发我国的盐湖资源[J]. 化学进展, 2009, 21(11): 2349-2357.
[12] 王彦飞, 李亚楠, 胡佳琪, 等. 去除氯化锂中氯化钠的研究进展[J]. 无机盐工业, 2018, 50(2): 13-15.
[13] 景素琴, 丁红霞. 运城盐湖盐藻产业的前景展望[J]. 盐业与化工, 2016, 45(11): 8-10.
[14] 袁瑞强, 程芳琴. 我国盐湖资源综合利用的探讨[J]. 盐湖研究, 2008, 16(1): 67-72.

# 第 2 章  钠 及 其 盐

盐湖是资源蕴藏丰富的湖泊,是宝贵的无机盐资源。虽然盐湖中盐类资源含量很高,但与固体矿相比,却又低得多。从盐湖卤水中生产盐类产品与从固体矿得到盐产品不同的是,根据盐湖所在地区独特的地理环境,充分利用光能,以更低的成本可以生产相关的盐类产品。当前,国内开发钠资源的技术已经工业化生产多年,非常成熟,钠元素的开发对盐湖资源的利用具有重要的意义,对盐湖卤水钠资源更深层次再开发价值更巨大[1]。盐湖卤水通常分为氯化物型、硫酸盐型和碳酸盐型。盐湖资源类型不同,其开发的线路方案也不相同。

## 2.1  氯化钠(NaCl)

### 2.1.1  理化性质

氯化钠(图 2.1)是一种离子化合物,无色立方结晶或细小结晶粉末,味咸,外观是白色晶体状,其来源主要是海水,是食盐的主要成分;密度为 $2.165g/cm^3$,熔点为 801℃,沸点为 1465℃。易溶于水、甘油,微溶于乙醇、液氨,不溶于浓盐酸。不纯的氯化钠在空气中有潮解性。氯化钠稳定性比较好,水溶液呈中性。

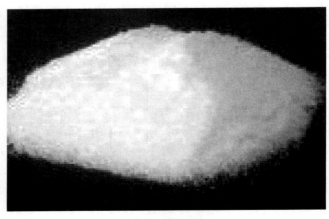

图 2.1  氯化钠

(1) 电解熔融态氯化钠制取金属钠：

$$2NaCl(熔融) \xrightarrow{电解} 2Na + Cl_2\uparrow$$

(2) 电解食盐水：

$$2NaCl + 2H_2O \xrightarrow{电解} 2NaOH + Cl_2\uparrow + H_2\uparrow$$

(3) 与硝酸银反应：

$$NaCl + AgNO_3 =\!=\!= NaNO_3 + AgCl\downarrow$$

离子方程式：

$$Cl^- + Ag^+ =\!=\!= AgCl\downarrow$$

(4) 与浓硫酸反应(实验室制氯化氢)：

$$2NaCl + H_2SO_4(浓) \xrightarrow{\triangle} 2HCl\uparrow + Na_2SO_4$$

$$NaCl + H_2SO_4(浓、过量) \xrightarrow{\triangle} HCl\uparrow + NaHSO_4$$

## 2.1.2 制备方法

(1) 工业制法——海水(平均含 2.4%氯化钠)引入盐田，经日晒干燥，浓缩结晶，制得粗品，粗盐中因含有杂质，在空气中较易潮解。亦可将海水经蒸汽加温，砂滤器过滤,用离子交换膜电渗析法进行浓缩，得到盐水(含氯化钠 160～180g/L)，经蒸发析出盐卤石膏，离心分离，可制得 95%以上的氯化钠(水分 2%)，再经干燥可制得食盐(table salt)。还可用岩盐、盐湖盐水为原料，经日晒干燥，制得原盐。用地下盐水和井盐为原料时，通过三效或四效蒸发浓缩，析出结晶，离心分离制得。

(2) 实验室制法——将等量的盐酸与氢氧化钠混合，生成氯化钠溶液，再把溶液蒸馏，可得氯化钠晶体。主要反应为

$$HCl + NaOH =\!=\!= NaCl + H_2O$$

此外，金属钠在氯气的环境中点燃也会产生氯化钠，其化学方程式为

$$2Na + Cl_2 \xrightarrow{点燃} 2NaCl$$

## 2.1.3 主要用途

(1) 工业上，电解氯化钠水溶液时，会产生氢气和氯气；当斯法制取金属钠：通过电解熔融氯化钠和氯化钙的混合物制取金属钠；细菌培养基中大多含有氯化钠。氯化钠是氨碱法制纯碱时的原料，是制造烧碱、氯酸盐、次氯酸盐、漂白粉

的原料，是冷冻系统的致冷剂，同时也是有机合成的原料和盐析药剂。氯化钠在钢铁工业中用作热处理剂。

(2) 氯化钠在食品业和渔业用于盐腌，还可用作调味料的原料和精制食盐。

(3) 医用氯化钠是人体内不可或缺的一部分，成人体内所含的钠离子总量约为60g，其中80%的钠离子存在于细胞外液，即血浆和细胞间液中，氯离子也是如此。两种离子除了可以维持细胞外液的渗透压、参与体内的酸碱平衡调节、参与胃酸的生成外，还能够维持神经和肌肉的正常兴奋。

(4) 农业上，氯化钠水溶液可用于选种。

## 2.2 钠(Na)

### 2.2.1 理化性质

钠是一种金属元素，在周期表中位于第3周期、第ⅠA族，是碱金属元素的代表。钠为银白色立方体结构金属，质软而轻，可用小刀切割，密度为0.97g/cm³，熔点97.81℃，沸点882.9℃。其新切面有银白色光泽，在空气中氧化转变为暗灰色，具有抗腐蚀性。钠是热和电的良导体，具有较好的导磁性，钾钠合金(液态)是核反应堆导热剂。钠单质还具有良好的延展性，硬度也低，能够溶于汞和液态氨，溶于液氨形成蓝色溶液。

钠原子的最外层只有1个电子，很容易失去，所以有强还原性。因此，钠的化学性质非常活泼，能够和大量无机物、绝大部分非金属单质和大部分有机物反应，在与其他物质发生氧化还原反应时，作还原剂，都是由0价升为+1价，通常以离子键和共价键形式结合。金属性强，其离子氧化性弱。

(1) 钠的化学性质很活泼，常温和加热时分别与氧气化合：

$$4Na + O_2 = 2Na_2O$$

$$2Na + O_2 = Na_2O_2$$

(2) 钠和水剧烈反应，量大时发生爆炸：

$$2Na + 2H_2O = 2NaOH + H_2\uparrow$$

(3) 钠在二氧化碳中燃烧：

$$2Na + 2CO_2 = Na_2CO_3 + CO$$

(4) 钠和低元醇反应产生氢气：

$$2Na + 2ROH = 2RONa + H_2\uparrow \quad (ROH表示低元醇)$$

(5) 钠和电离能力很弱的液氨也能反应：

$$2Na + 2NH_3(l) =\!=\!= 2NaNH_2 + H_2 \uparrow \quad (NH_3\text{表示液氮})$$

### 2.2.2 制备方法

**1. 电解钠汞齐法**

电解钠汞齐法于 1971 年由日本 Tekkosha 公司首先掌握并应用于工业化生产[2]。

**2. 食盐熔融电解法**

食盐熔融电解法又称东斯法[3]，在食盐(即氯化钠)融熔液中加入氯化钙，油浴加热并电解，温度 500℃，电压 6 V，通过电解在阴极生成金属钠，在阳极生成氯气。然后经过提纯成型，用液体石蜡进行包装。

化学方程式：

$$2NaCl \xrightarrow{\text{电解}} 2Na + Cl_2 \uparrow$$

**3. 烧碱熔融电解法**

烧碱熔融电解法又称卡斯钠法[4]，主要以氢氧化钠为原料，以镍为阳极，铁为阴极，镍网作为隔膜放置在两个电极之间，在温度为 320~330℃下电解熔融，电解电压为 4~4.5 V，金属钠在阴极析出，并放出氧气。再将制得的金属钠精制，用液体石蜡包装。

化学方程式：

$$4NaOH =\!=\!= 4Na + 2H_2O + O_2 \uparrow$$

**4. Na-$\beta$-Al$_2$O$_3$ 隔膜电解法**

Na-$\beta$-Al$_2$O$_3$ 是一种特别的陶瓷材料，它是一种固体电解[5]。1966 年美国福特汽车公司用 Na-$\beta$-Al$_2$O$_3$ 作钠硫蓄电池的隔膜，其具有可以允许钠离子在其中迁移，而其他离子不容易或者不能够在其中迁移的特点。利用这个特点将 Na-$\beta$-Al$_2$O$_3$ 用作隔膜来分隔阴阳极电解液，这样可以用来制备高纯度的金属钠或提纯粗钠来制取高纯金属钠。

(1) Na-$\beta$-Al$_2$O$_3$ 电解氢氧化钠法：镍为阳极，钢为阴极，Na-$\beta$-Al$_2$O$_3$ 管为隔膜，阳极电解液为 NaOH，阴极电解液为 Na。

$$4NaOH =\!=\!= 4Na + 2H_2O + O_2 \uparrow$$

(2) Na-$\beta$-Al$_2$O$_3$ 电解氯化钠法：选择比值为 40∶60 的氯化钠和氯化锌的混合物为电解质，反应方程式如下：

$$2\text{NaOH} = 2\text{Na} + \text{Cl}_2\uparrow + Q_{放}$$

石墨作阳极，钢作阴极，Na-$\beta$-Al$_2$O$_3$管为隔膜，NaCl 和 ZnCl$_2$混合物为阳极电解液，金属 Na 为阴极电解液[6]。

### 2.2.3 主要用途

测定有机物中的氯；有机化合物的还原和氢化；检验有机物中的氮、硫、氟；去除有机溶剂(苯、烃、醚)中的水分；除去烃中的氧、碘或氢碘酸等杂质；制备钠汞齐、醇化钠、纯氢氧化钠、过氧化钠、氨基钠、合金、钠灯、光电池；制取活泼金属。

钠是人体中一种重要的无机元素。一般情况下，成人体内钠含量为 3200(女)～4170(男)mmol，约占体重的 0.15%。体内钠主要存在于细胞外液，占总体钠的 44%～50%，骨骼中含量占 40%～47%，细胞内液含量较低，仅占 9%～10%。

(1) Na$^+$是细胞外液中带正电的主要离子，参与水的代谢，保证体内水的平衡，调节体内水分与渗透压。

(2) 维持体内酸和碱的平衡。

(3) 胰液、胆汁、汗和泪水的组成成分。

(4) 钠与 ATP(腺嘌呤核苷三磷酸)的生产和利用、肌肉运动、心血管功能、能量代谢都有关系。此外，糖代谢、氧的利用也需有钠的参与。

(5) 维持血压正常。

(6) 增强神经肌肉兴奋性。

### 2.2.4 储存方法

钠浸放于液体石蜡、矿物油和苯系物中密封保存，或通常储存在铁桶中充氩气密封保存。实验室少量保存时可用煤油浸泡或浸于液体石蜡中，贮于阴凉干燥处，远离火种、热源。

## 2.3 氧化钠(Na$_2$O)

### 2.3.1 理化性质

氧化钠(图 2.2)，分子量 61.979，灰白色无定形片状或粉末，熔点 1275℃，沸点 1950℃，密度 2.3g/cm$^3$，易潮解，遇水起剧烈化合反应，形成氢氧化钠。氧化钠在暗红炽热时熔融，在大于 400℃时分解为过氧化钠和钠单质。氧化钠不燃，具腐蚀性、强刺激性，可致人体灼伤。

图 2.2 氧化钠

(1) 氧化钠可以与水发生化合反应,生成氢氧化钠和水,化学方程式为

$$Na_2O + H_2O =\!=\!= 2NaOH$$

生成的氢氧化钠可以继续与氯化铝、硫酸铜等反应。

(2) 氧化钠能与酸反应,生成对应的钠盐与水,离子方程式与化学方程式(以盐酸为例)为

$$Na_2O + 2H^+ =\!=\!= 2Na^+ + H_2O$$

$$Na_2O + 2HCl =\!=\!= 2NaCl + H_2O$$

若氧化钠过量,则过量的氧化钠会继续与水反应生成氢氧化钠。

(3) 氧化钠在大于 400℃的条件下会分解为过氧化钠和钠单质,化学方程式为

$$2Na_2O =\!=\!= 2Na + Na_2O_2$$

(4) 氧化钠在常温下和加热的条件下均可氧化成过氧化钠,化学方程式为

$$2Na_2O + O_2 =\!=\!= 2Na_2O_2$$

### 2.3.2 制备方法

(1) 制备纯氧化钠很困难,在真空中使叠氮化钠和亚硝酸钠反应,可生成氧化钠并放出氮气,化学方程式为

$$3NaN_3 + NaNO_2 =\!=\!= 2Na_2O + 5N_2\uparrow$$

(2) 用钠跟过氧化钠、亚硝酸钠相互反应来制备:

$$2Na + Na_2O_2 =\!=\!= 2Na_2O$$

$$6Na + 2NaNO_2 =\!=\!= 4Na_2O + N_2\uparrow$$

(3) 碳酸钠等也可以在一定温度下分解，产生氧化钠，化学方程式为

$$Na_2CO_3 = Na_2O + CO_2\uparrow$$

### 2.3.3 主要用途

氧化钠是其他化学反应的中间产物，极易发生变化，主要用作制取钠的化合物，或用作漂白剂、消毒剂、脱氢剂、化学反应的聚合剂、缩合剂等。

### 2.3.4 环境危害

氧化钠遇水发生剧烈反应并放热，与酸类物质能发生剧烈反应，与铵盐反应放出氨气，在潮湿条件下能腐蚀某些金属。

## 2.4 过氧化钠($Na_2O_2$)

### 2.4.1 理化性质

过氧化钠(图 2.3)为白至淡黄色的粉末状固体，易吸潮，溶于乙醇、水和酸(本质是与其发生反应)，难溶于碱。燃烧法制备的过氧化钠中常含有 10%的超氧化钠而显淡黄色，密度 2.805g/cm³，熔点 460℃，沸点 675℃。其水合物有 $Na_2O_2\cdot 2H_2O$ 和 $Na_2O_2\cdot 8H_2O$ 两种。

图 2.3 过氧化钠

过氧化钠是离子化合物，其中氧元素显-1 价，钠元素显+1 价，可以把过氧化钠溶解在低温的硫酸中，然后减压蒸馏即可得到过氧化氢($H_2O_2$)。

(1) 过氧化钠可与水、酸反应，生成氢氧化钠和过氧化氢(过氧化氢会分解成水和氧气)：

$$Na_2O_2 + 2H_2O == 2NaOH + H_2O_2$$

$$2H_2O_2 == 2H_2O + O_2\uparrow$$

也能与二氧化碳反应生成碳酸钠和氧气：

$$2Na_2O_2 + 2CO_2 == 2Na_2CO_3 + O_2$$

(2) 过氧化钠还能氧化一些金属。例如，熔融的过氧化钠能把铁氧化成高铁酸根$(FeO_4^{2-})$；能将一些不溶于酸的矿石共熔使矿石分解。

(3) 在碱性环境中，过氧化钠可以把化合物中+3价的砷(As)氧化成+5价，把+3价的铬(Cr)氧化成+6价。利用这个反应可以将某些岩石矿物中+3价铬除去，还可以在一般条件下将有机物氧化成乙醇和碳酸盐，也可以与硫化物和氯化物发生剧烈反应。

(4) 过氧化钠还具有漂白性，原因是过氧化钠与水反应过程中会生成过氧化氢$(H_2O_2)$，由于过氧化氢具有强氧化性，会将部分试剂如品红等漂白，所以将过氧化钠投入酚酞溶液中，酚酞先变红后褪色，这个过程是不可逆的。

(5) 过氧化钠可以吸收一氧化氮(NO)和二氧化氮$(NO_2)$：

$$Na_2O_2 + 2NO == 2NaNO_2$$

$$Na_2O_2 + 2NO_2 == 2NaNO_3$$

(6) 过氧化钠与非金属次高价气态氧化物能发生氧化还原反应，生成盐，但不放出氧气，直接化合，如

$$Na_2O_2 + SO_2 == Na_2SO_4$$

(7) 过氧化钠与非金属最高价气态氧化物能发生氧化还原反应，生成盐，放出氧气，如

$$2Na_2O_2 + 2SO_3 == 2Na_2SO_4 + O_2$$

(8) 过氧化钠和二氧化硫反应生成亚硫酸钠和氧气，亚硫酸钠和氧气反应生成硫酸钠，反应方程式为

$$2Na_2O_2 + 2SO_2 == 2Na_2SO_3 + O_2$$

$$2Na_2SO_3 + O_2 == 2Na_2SO_4$$

另外，过氧化钠可以将铁单质氧化成含$FeO_4^{2-}$的铁酸盐，也可以在一般条件下将有机物氧化成乙醇和碳酸盐，还可以与硫化物和氯化物发生剧烈反应。过氧化钠的热稳定性好，可加热到熔融状态而不分解。此外，过氧化钠还可以与钠反应，方程式为

$$Na_2O_2 + 2Na == 2Na_2O$$

### 2.4.2 制备方法

(1) 工业上制备过氧化钠的方法是将钠在铝盘上加热至熔化,通入一定量的除去二氧化碳的干燥空气,维持温度在 180~200℃之间,钠即被氧化为氧化钠,进而增加空气流量并迅速提高温度至 300~400℃,即可制得过氧化钠。

其化学反应方程式为

$$4Na + O_2 = 2Na_2O$$

$$2Na_2O + O_2 = 2Na_2O_2$$

(2) 纯净 $Na_2O_2 \cdot 2H_2O$ 是用饱和 NaOH(纯级)溶液与 42% $H_2O_2$ 混合制得的:

$$2NaOH + H_2O_2 = Na_2O_2 \cdot 2H_2O$$

### 2.4.3 主要用途

过氧化钠可作供氧剂、强氧化剂,具有漂白性;可用于制过氧化氢;其水溶液可用作漂白剂(脱色剂)、氧化剂、防腐剂、杀菌剂、除臭剂。

## 2.5 氢氧化钠(NaOH)

### 2.5.1 理化性质

氢氧化钠(图 2.4),俗称烧碱、火碱、苛性钠,是一种具有强腐蚀性的强碱,一般为片状或块状形态,易溶于水(溶于水时放热)并形成碱性溶液,具有潮解性,易吸取空气中的水蒸气(潮解)和二氧化碳(变质),可加入盐酸检验是否变质。纯品是无色透明的晶体。密度 $2.130 g/cm^3$。熔点 318.4℃。沸点 1390℃。工业品含

图 2.4 氢氧化钠

有少量的氯化钠和碳酸钠,是白色不透明的晶体。氢氧化钠在水处理中可作为碱性清洗剂,溶于乙醇和甘油,不溶于丙醇、乙醚。与氯、溴、碘等卤素发生歧化反应,与酸类起中和作用而生成盐和水。

1. 碱性

氢氧化钠溶于水中会完全解离成钠离子与氢氧根离子,所以它具有碱的通性。
(1) 可与任何质子酸进行酸碱中和反应(也属于复分解反应):

$$NaOH + HCl = NaCl + H_2O$$

$$2NaOH + H_2SO_4 = Na_2SO_4 + 2H_2O$$

$$NaOH + HNO_3 = NaNO_3 + H_2O$$

(2) 其溶液能够与盐溶液发生复分解反应与配位反应:

$$NaOH + NH_4Cl = NaCl + NH_3 \cdot H_2O$$

$$2NaOH + CuSO_4 = Cu(OH)_2 \downarrow + Na_2SO_4$$

$$2NaOH + MgCl_2 = 2NaCl + Mg(OH)_2$$

$$ZnCl_2 + 4NaOH(过量) = Na_2[Zn(OH)_4] + 2NaCl$$

(3) 氢氧化钠在空气中容易变质成碳酸钠,因为空气中含有酸性氧化物二氧化碳:

$$2NaOH + CO_2 = Na_2CO_3 + H_2O$$

这也是其碱性的体现。

倘若持续通入过量的二氧化碳,则会生成碳酸氢钠($NaHCO_3$,俗称小苏打),反应方程式为

$$Na_2CO_3 + H_2O + CO_2 = 2NaHCO_3$$

(4) 氢氧化钠能与二氧化硅、二氧化硫等酸性氧化物发生反应:

$$2NaOH + SiO_2 = Na_2SiO_3 + H_2O$$

$$2NaOH + SO_2(微量) = Na_2SO_3 + H_2O$$

$$NaOH + SO_2(过量) = NaHSO_3$$

2. 有机反应

(1)氢氧化钠在许多有机反应中扮演着类似催化剂的角色。

(2) 氢氧化钠可以和卤代烃等发生亲核取代反应，如

$$NaOH + CH_3CH_2Cl \longrightarrow CH_3CH_2OH + NaCl$$

也可能使卤代烃发生消除：

$$NaOH + CH_3CH_2Cl \longrightarrow CH_2 = CH_2 + NaCl + H_2O$$

(3) 氢氧化钠在强热下可以使羧酸发生脱羧反应，如

$$NaOH + R-COONa \longrightarrow RH + Na_2CO_3$$

**3. 颜色反应**

氢氧化钠能与指示剂发生反应：氢氧化钠溶液是碱性，使石蕊试液变蓝，使酚酞试液变红。

**4. 其他反应**

(1) 铝会与氢氧化钠反应生成氢气。氢氧化钠与油罐壁的铝产生化学变化：

$$2Al + 2NaOH + 6H_2O = 2Na[Al(OH)_4] + 3H_2\uparrow$$

注意，四羟基合铝酸钠可认为是偏铝酸钠与2个水结合的产物。

(2) 硅也会与氢氧化钠反应生成氢气，如

$$Si + 2NaOH + H_2O = Na_2SiO_3 + 2H_2\uparrow$$

(3) 氢氧化铝的制备也牵涉氢氧化钠的使用：

$$6NaOH + 2KAl(SO_4)_2 = 2Al(OH)_3\downarrow + K_2SO_4 + 3Na_2SO_4$$

### 2.5.2 制备方法

**1. 实验室**

钠盐与氧化钙反应：

$$CaO + H_2O = Ca(OH)_2$$

$$NaHCO_3 + Ca(OH)_2 = CaCO_3\downarrow + NaOH + H_2O$$

$$Na_2CO_3 + Ca(OH)_2 = CaCO_3\downarrow + 2NaOH$$

钠与水反应：

$$2Na + 2H_2O = 2NaOH + H_2\uparrow$$

**2. 工业**

(1) 苛化法[7]：

$$Na_2CO_3 + Ca(OH)_2 = CaCO_3\downarrow + 2NaOH$$

(2) 隔膜电解法[8]：

$$2NaCl + 2H_2O \xrightarrow{\text{电解}} 2NaOH + H_2\uparrow + Cl_2\uparrow$$

(3) 离子交换膜法[9]：

$$2NaCl + 2H_2O = 2NaOH + H_2\uparrow + Cl_2\uparrow$$

### 2.5.3 主要用途

氢氧化钠可用于生产纸、肥皂、染料、人造丝，也可用于冶炼金属、石油精制、棉织品整理、煤焦油产物的提纯，以及食品加工、木材加工及机械工业等方面。

## 2.6 碳酸钠($Na_2CO_3$)

### 2.6.1 理化性质

碳酸钠(图 2.5)，分子量为 105.99。化学品的纯度多在 99.5%以上(质量分数)，又叫纯碱。国际贸易中又名苏打或碱灰。碳酸钠常温下为白色无气味的粉末或颗粒。有吸水性，露置空气中逐渐吸收 1mol/L 水分(约=15%)。其水合物有 $Na_2CO_3 \cdot H_2O$，$Na_2CO_3 \cdot 7H_2O$ 和 $Na_2CO_3 \cdot 10H_2O$。碳酸钠易溶于水和甘油。微溶于无水乙醇，难溶于丙醇。溶液显碱性，能使酚酞变红。

图 2.5 碳酸钠

(1) 稳定性较强，但高温下也可分解，生成氧化钠和二氧化碳：

$$Na_2CO_3 \xrightarrow{\text{高温}} Na_2O + CO_2\uparrow$$

(2) 长期暴露在空气中能吸收空气中的水分及二氧化碳，生成碳酸氢钠，并结成硬块：

$$Na_2CO_3 + CO_2 + H_2O = 2NaHCO_3$$

(3) 碳酸钠的结晶水合物石碱($Na_2CO_3 \cdot 10H_2O$)在干燥的空气中易风化：

$$Na_2CO_3 \cdot 10H_2O = Na_2CO_3 + 10H_2O$$

(4) 水解反应：

$$2Na_2CO_3 = 2Na^+ + CO_3^{2-}$$

$$CO_3^{2-} + H_2O = HCO_3^- + OH^-$$

$$HCO_3^- + H_2O = H_2CO_3 + OH^-$$

(5) 与酸反应：

$$Na_2CO_3 + 2HCl = 2NaCl + H_2CO_3$$

$$H_2CO_3 = CO_2\uparrow + H_2O$$

$$Na_2CO_3 + HCl = NaCl + NaHCO_3$$

(6) 与碱反应：

$$Na_2CO_3 + Ca(OH)_2 = 2NaOH + CaCO_3\downarrow$$

(7) 与盐反应：

$$Na_2CO_3 + BaCl_2 = 2NaCl + BaCO_3\downarrow$$

$$Na_2CO_3 + CaCl_2 = 2NaCl + CaCO_3\downarrow$$

$$3Na_2CO_3 + Al_2(SO_4)_3 + 3H_2O = 2Al(OH)_3\downarrow + 3CO_2\downarrow + 3Na_2SO_4$$

### 2.6.2 制备方法

(1) 索氏制碱法[19]：

$$NaCl + NH_3 + CO_2 + H_2O = NaHCO_3 + NH_4Cl$$

$$2NaHCO_3 \xrightarrow{煅烧} Na_2CO_3 + CO_2\uparrow + H_2O\uparrow$$

(2) 侯氏制碱法[20]：

$$NH_3 + CO_2 + H_2O = NH_4HCO_3$$

$$NH_4HCO_3 + NaCl = NaHCO_3 + NH_4Cl$$

$$2NaHCO_3 \xrightarrow{\triangle} Na_2CO_3 + CO_2\uparrow + H_2O\uparrow$$

## 2.6.3 主要用途

碳酸钠广泛应用于轻工日化、建材、化学工业、食品工业、冶金、纺织、石油、国防、医药等领域。

## 2.7 碳酸氢钠($NaHCO_3$)

### 2.7.1 理化性质

碳酸氢钠(图 2.6),俗称小苏打。在水中的溶解度小于碳酸钠。碳酸氢钠为白色晶体或不透明单斜晶系细微结晶,相对密度 2.15,无臭、无毒、味咸,可溶于水,微溶于乙醇。

图 2.6 碳酸氢钠

(1) 与酸反应:

$$NaHCO_3 + HCl == NaCl + H_2O + CO_2\uparrow$$

$$NaHCO_3 + CH_3COOH == CH_3COONa + H_2O + CO_2\uparrow$$

(2) 与碱反应:

$$NaHCO_3 + NaOH == Na_2CO_3 + H_2O$$

与氢氧化钙反应:碳酸氢钠的剂量要分过量和少量。

少量: $$NaHCO_3 + Ca(OH)_2 == CaCO_3\downarrow + NaOH + H_2O$$

过量: $$2NaHCO_3 + Ca(OH)_2 == CaCO_3\downarrow + Na_2CO_3 + H_2O$$

(3) 与盐反应:

$$4NaHCO_3 + 2CuSO_4 == 2Na_2SO_4 + Cu(OH)_2CO_3\downarrow + 3CO_2\uparrow + H_2O$$

(4) 水解：

与氯化铝双水解：

$$3NaHCO_3 + AlCl_3 = Al(OH)_3\downarrow + 3NaCl + 3CO_2\uparrow$$

与硫酸铝双水解：

$$6NaHCO_3 + Al_2(SO_4)_3 = 2Al(OH)_3\downarrow + 3Na_2SO_4 + 6CO_2\uparrow$$

(5) 受热分解：

$$2NaHCO_3 \xrightarrow{\Delta} Na_2CO_3 + CO_2\uparrow + H_2O$$

(6) 电离：

$$NaHCO_3 = Na^+ + HCO_3^-$$

### 2.7.2 制备方法

(1) 气相碳化法：

$$Na_2CO_3 + H_2O + CO_2(g) = 2NaHCO_3$$

(2) 气固相碳化法：

$$Na_2CO_3 + H_2O + CO_2 \longrightarrow 2NaHCO_3$$

### 2.7.3 主要用途

碳酸氢钠可直接作为制药工业的原料，用于治疗胃酸过多；也可用于电影制片、鞣革、选矿、冶炼、金属热处理，以及用于纤维、橡胶工业等；还可用作羊毛的洗涤剂，农业浸种等。

## 2.8 次氯酸钠(NaClO)

### 2.8.1 理化性质

次氯酸钠(图 2.7)纯品为白色或灰绿色结晶，工业品为淡黄色呈乳状液，pH 为 10~12，有氯臭，无残渣，易溶于水。次氯酸钠为强氧化剂，有较强的漂白作用，对金属器械有腐蚀作用。

次氯酸钠的分解特性如下。

(1) 次氯酸钠见光分解(特别是紫外线)：

$$2NaClO \longrightarrow 2NaCl + O_2\uparrow$$

$$NaClO + O_2 \longrightarrow NaClO_3$$

图 2.7　次氯酸钠

若在日光下晒 20 h 左右，则 90%的有效氯被分解。
(2) 热分解：

$$2NaClO \longrightarrow 2NaCl + O_2 \uparrow$$

$$NaClO + O_2 \longrightarrow NaClO_3$$

次氯酸钠即便是在常温下也不稳定，贮存时分解放出氧气。
(3) 酸分解反应：

$$NaClO + HCl \longrightarrow NaCl + HClO$$

$$2HClO \longrightarrow 2HCl + O_2 \uparrow$$

$$HClO + HCl \longrightarrow H_2O + Cl_2 \uparrow$$

当 pH≤7 时分解反应剧烈进行。
(4) 重金属催化分解：

$$2MO + NaClO \longrightarrow M_2O_3 + NaCl$$

$$M_2O_3 + NaClO \longrightarrow 2MO + NaCl + O_2 \uparrow$$

此反应在 Fe、Ni、Co、Mn 等存在下加速进行(M 表示重金属)。
(5) 其他化学反应：

$$NaClO + H_2C_2O_4 \Longrightarrow NaCl + 2CO_2 \uparrow + H_2O$$

$$NaClO + 2HCl \Longrightarrow NaCl + Cl_2 \uparrow + H_2O$$

$$NaClO + CO_2 + H_2O \Longrightarrow 2HClO + NaHCO_3$$

### 2.8.2 制备方法

(1) 苛性钠、液氯或氯气[10]：

$$2NaOH + Cl_2 \longrightarrow NaClO + NaCl + H_2O$$

向苛性钠溶液中通氯。生产装置分间歇和连续两类，设备有槽式、塔式、管道反应器等。可人工控制也可自动控制，经济合理、可制备多种有效氯含量的溶液，是大批量生产的主要方法。

(2) 碳酸钠、液氯或氯气：

$$2Na_2CO_3 + Cl_2 + H_2O \longrightarrow NaClO + NaCl + 2NaHCO_3$$

把氯气通入碳酸钠溶液中，因碳酸钠溶解度低，所以成品有效氯仅为4%。该方法经济合理、可制备各种有效氯含量的溶液，是大批量生产的主要方法。该法需要上法2倍的钠，原料费用高，但反应热低，不需要冷却装置，pH在8.5～9之间。

(3) 电解食盐溶液：

$$2NaCl + H_2O \longrightarrow 2NaOH + Cl_2 \uparrow + H_2 \uparrow$$

$$2NaOH + Cl_2 \longrightarrow NaClO + NaCl + H_2O$$

把3%氯化钠溶液置于无隔膜电槽内，阳极用钛作基极，表面覆铂族金属和合金及其氧化物的混合物，阴极用铬网、钛等。电流效率60%～80%，电压3.7～3.9V，电流密度$10A/dm^2$，电解直流电耗3.5～4.8kW·h/kg氯。装置简单、使用方便、原料易得。

(4) 漂白粉或纯碱溶液，漂白液与硫酸钠溶液：

$$Ca(ClO)_2 + Na_2CO_3 \longrightarrow 2NaClO + CaCO_3 \downarrow$$

$$Ca(ClO)_2 + Na_2SO_4 \longrightarrow 2NaClO + CaSO_4 \downarrow$$

贮槽内进行复分解反应，控制温度不超过35℃，生成有效氯含量为1%的次氯酸钠溶液，碳酸钠或者硫酸钠同时也与氯化钙反应，生产量少。

(5) 次氯酸钙与氧化钠溶液：

使含5%有效氯的次氯酸钙溶液通过离子交换树脂，然后用水及15%的食盐溶液再生。

$$Cl_2 + 2NaOH \Longleftrightarrow NaClO + NaCl + H_2O$$

次氯酸钠是一种真正高效、广谱、安全的强力灭菌、杀病毒药剂，它同水的亲和性很好，能与水以任意比互溶，它不存在液氯等的安全隐患，且其消毒效果被公认为与氯气相当。在所有通用的消毒剂中，次氯酸钠仍然是比较稳定可靠的杀生剂。另外，次氯酸钠发生器经过多年的发展和改进，建立了严密的国家标准，已经成为一种相当完善的实用性设备。

### 2.8.3 主要用途

次氯酸钠溶液是一种优良的漂白剂和杀菌剂，18世纪由欧洲研制成功。它具有杀菌广谱、作用快、效果好的优点，而且生产工艺简单、价格低廉，作为漂白剂被广泛用于造纸、纺织工业，在医疗卫生领域作为饮水和污水的消毒剂，在某些石油精制生产中作精制剂等，溶液中有效氯含量通常在10%左右。由于次氯酸钠溶液极不稳定、易分解，造成有效氯含量降低很快，功能下降，从而妨碍了它的广泛使用性。影响次氯酸钠稳定性的因素很多，如生产过程中的氯化反应速率、溶液中游离碱含量的多少、贮存产品用的包装容器的材质等，所以，很久以前便有人在这几方面对其进行过研究，以期达到延长贮存时间、广泛发挥其功能的目的。

1. 次氯酸钠在造纸、纺织中的漂白应用

通过测定次氯酸钠漂白过程中的 pH、温度对白度的影响，研究亚麻织物用次氯酸钠漂白的影响因素及规律性，探讨亚麻织物与棉织物次氯酸钠漂白机理的异同。以六偏磷酸钠为品质改良剂，从料水比、时间、温度、pH四方面考察了用次氯酸钠对葛根淀粉漂白效果的影响。实验提出了用氧化剂次氯酸钠与少量多偏磷酸钠混合氧化漂白甘薯淀粉的新方法，并从淀粉的化学结构和反应机理方面进行了初步的探讨[11]。

2. 次氯酸钠在处理工农业等方面的应用

通入臭氧、双氧水、次氯酸钠或漂白粉等，均可有效氧化 As，使砷去除率近似于 As(Ⅴ)的去除率。且次氯酸钠氧化时，其氧化效果不受水质 pH、硬度、As(Ⅲ)初浓度、As(Ⅲ)/As(Ⅴ)的配比等的影响，而且投药量少，效果明显。利用次氯酸钠氧化法处理含硫恶臭的污水，取得了良好的效果。同时能脱除盐水中的铵盐化合物，以减少氯碱生产后工序中的 NaClO。应用次氯酸钠和碱性氯化法对含氰废水进行处理研究，认为次氯酸钠法设备简单，操作安全方便，成本低，效益好；而碱式氯化法处理金矿含氰废水，易释放氰化物和总氰化物，很难达到排放标准，且废水处理后剩余氰化物浓度与漂白粉用量及次氯酸钠用量呈对数曲线关系。

废水 pH、$FeSO_4$ 和 NaClO 的投加量对 $\beta$-萘酚模拟废水的降解效果有很大影响,光照可以促进$\beta$-萘酚的降解。混凝剂为10g/L,pH=9~10,次氯酸钠为50mol/L,最佳pH=2~3,最终对精唑禾灵含酚废水(高浓度含酚有机废水)中色度、COD、对苯二酚的去除率分别为99%、98%、99%。经过混凝预处理后,废水的COD去除率有所提高,证明了含高浓度次氯酸钠的水产品加工废水的可生化性[12]。次氯酸钠比双氧水更易使亚甲基蓝水溶液降解,而且次氯酸钠浓度越大,pH越小,降解亚甲基蓝水溶液的效果越好。在光照条件下,亚甲基蓝水溶液的降解率高。采用次氯酸钠在紫外光的照射下处理分散蓝2BLN废水,探讨了影响水溶液中分散蓝2BLN染料的光催化降解的各种影响因素。在生物法处理的基础上,加入次氯酸钠后,垃圾渗滤液的COD达到国家污水排放二级标准。而高锰酸钾对有机物的去除效果相对较低[13]。另外,高锰酸钾和次氯酸钠氧化剂深度处理低浓度、难降解垃圾渗滤液产生的污泥量均很小。

### 3. 次氯酸钠在杀菌、消毒等方面的应用

次氯酸钠是一种最常用的含氯消毒剂。实验研究和临床应用均证明次氯酸钠溶液的杀菌活性强、作用快、效果好,且对环境无任何污染,排放后余氯又可进一步地对污水消毒,对病毒、细菌、真菌均有较强的杀灭能力,且对人类MNO、肝炎毒素及其他病毒也有较强的灭活作用,因此应用非常广泛[14]。

1) 在杀菌方面的应用

当次氯酸钠含400mg/L有效氯时,作用10min,对偶发分枝杆菌的杀灭率可达99.99%。次氯酸钠消毒剂可用于杀灭溶血性链球菌;溶血性链球菌对消毒剂的抗力低于大肠杆菌。含有效氯100mg/L次氯酸钠消毒剂溶液对大肠杆菌、金黄色葡萄球菌作用5min,含有效氯2000mg/L该消毒液对枯草杆菌黑色变种芽孢作用20min,杀灭率均为100%。pH对其杀菌效果有一定影响。含生物碱和苷的TG901A消毒液杀灭细菌效果较差,而碘伏、作用1min,对金黄色葡萄球菌等的杀灭效果效果非常好[15]。L型菌普遍存在于物体表面、空气及消毒液中,碘伏棉球中未见L型菌,酒精棉球中60%为有菌生长;次氯酸钠浓度<5:10000,作用时间<30min时,易诱导出L型菌,次氯酸钠浓度>5:10000时,未诱导出L型菌;采用紫外线照射60min时,可诱导出L型菌。说明增加L型菌培养,可明显增加细菌检出率。次氯酸钠溶液和二氧化氯消毒液对悬液内枯草杆菌、黑色变种芽孢的杀灭率都能达到100%,但两种消毒剂的杀菌效果受作用温度和有机物及pH影响明显。有效氯含量为500mg/L作用5min,可将纯化HBsAg抗原性破坏[16];而含有效碘5000mg/L的碘溶液作用至40min,不能破坏HBsAg抗原性。次氯酸钠消毒液可完全杀灭鸡传染性法氏囊病病毒IBDV。以次氯酸钠溶液清洗消毒后,再用2%甲醛溶液灭HBV-DNA菌的效果较好。

2) 在消毒方面的应用

根据黄曲霉毒素及其产毒菌株的特点,发现次氯酸钠是一种有效的黄曲霉毒素脱毒剂,且不同处理条件之间的脱毒效果差异不显著。碳酸氢钠对青霉酸脱毒效果最好,次氯酸钠和氢氧化钠次之,而氯化钠对青霉酸的去毒效果不佳[17]。分别以热力、紫外线、次氯酸钠和碘对脊髓灰质炎病毒 I 型作用后,检测其感染性、抗原性与核酸。经热力和碘作用后,病毒感染性消失与抗原性较一致,而核酸破坏明显滞后,经紫外线、次氯酸钠作用后,病毒感染性消失与核酸破坏较一致,而抗原性破坏不明显。而通过选择次氯酸钠和过氧乙酸分别进行灭脊髓灰质炎病毒的实验,活细胞染色法(MTT)法测定结果与观察细胞病理变化法(CPE)法观察结果基本一致。在预备试验中,附 T 法测定中和剂、消毒剂及中和产物对细胞存活性的影响准确可靠;正式试验时,以 CPE 法观察细胞病理变化更简便易行。用含有效氯 1000mg/L 稀释液作用 3min,可将 HB-DNA 灭活。该消毒剂稀释液在使用条件下不会产生急性中毒反应,对胃镜无明显损害。且次氯酸钠消毒剂对脊髓灰质炎病毒平均灭活对数值高[17]。

次氯酸钠水解生成次氯酸,次氯酸再进一步分解生成新生态氧[O],新生态氧具有极强氧化性[18]。因此次氯酸钠的消毒机理包括次氯酸钠的氧化作用:次氯酸钠水解生成的次氯酸不仅可以与细胞壁发生作用且因分子小、不带电荷,改易侵入细胞内与蛋白质发生氧化作用或破坏其磷酸脱氢酶,使糖代谢失调而导致细菌死亡。新生态氧的作用:次氯酸分解生成的新生态氧将菌体蛋白质氧化。氯化作用:次氯酸钠溶液中含有的氯和菌体蛋白质发生氯化作用。

3) 次氯酸钠在处理医院废水方面的应用

采用次氯酸钠处理医院污水,其工艺流程简单、工程投资规模小、综合运行成本低、消毒效果好。分别对采用次氯酸钠法和液氯法的两家医院的废水处理过程进行了研究,废水处理后细菌总数和余氯量均能达到国家规定的排放标准。

## 2.9 亚硫酸钠($Na_2SO_3$)

### 2.9.1 理化性质

亚硫酸钠(图 2.8),常见的亚硫酸盐,白色、单斜晶体或粉末;熔点 150℃,受高热分解产生有毒的硫化物烟气;易溶于水,不溶于乙醇等。

(1) 生成:

$$SO_2 + 2NaOH = Na_2SO_3 + H_2O$$

$$H_2SO_3 + Na_2CO_3 = Na_2SO_3 + CO_2\uparrow + H_2O$$

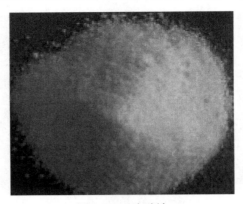

图 2.8 亚硫酸钠

(2) 还原性：

$$3Na_2SO_3 + 2HNO_3 = 3Na_2SO_4 + 2NO_2\uparrow + H_2O$$

$$2Na_2SO_3 + O_2 = 2Na_2SO_4$$

(3) 加热：

$$4Na_2SO_3 \xrightarrow{\Delta} Na_2S + 3Na_2SO_4$$

(4) 氧化性：

$$Na_2SO_3 + 3H_2S = 3S\downarrow + Na_2S + 3H_2O$$

### 2.9.2 制备方法[26]

(1) 二氧化硫纯碱法：

$$3SO_2 + 2Na_2CO_3 + H_2O \longrightarrow Na_2SO_3 + 2NaHSO_3 + 2CO_2\uparrow$$

$$NaHSO_3 + NaOH \longrightarrow Na_2SO_3 + H_2O$$

(2) 二氧化硫烧碱法：

$$SO_2 + 2NaOH \longrightarrow Na_2SO_3 + H_2O$$

(3) 二氧化硫氯化钠法：

$$NaCl + NH_4HCO_3 \longrightarrow NaHCO_3 + NH_4Cl$$

$$NaHCO_3 + SO_2 + NaOH \longrightarrow Na_2SO_3 + H_2O + CO_2$$

(4) 亚硫酸钠吸收法：

$$Na_2SO_3 + H_2O + SO_2 \longrightarrow 2NaHSO_3$$

$$NaHSO_3 + NaOH \longrightarrow Na_2SO_3 + H_2O$$

## 2.9.3 主要用途

亚硫酸钠可用于碲和铌的微量分析测定和显影液的配制,还可用作还原剂;用于人造纤维稳定剂、织物漂白剂、照相显影剂、漂染脱氧剂、香料和染料还原剂、造纸木质素脱除剂等;用作普通分析试剂和光敏电阻材料;实验室用于制备二氧化硫。

## 2.10 硫酸钠($Na_2SO_4$)

### 2.10.1 理化性质

硫酸钠(图 2.9)为单斜晶系,晶体短柱状,集合体呈致密块状或皮壳状等,无色透明,有时带浅黄或绿色。其为白色、无臭、有苦味的结晶或粉末,具吸湿性;熔点为 884℃(七水合物于 24.4℃转无水,十水合物为 32.38℃,于 100℃失 $10H_2O$),沸点为 1404℃,密度为 $2.68g/cm^3$;溶于水且其水溶液呈中性,溶于甘油而不溶于乙醇;属无机化合物,高纯度、颗粒细的无水物称为元明粉。硫酸钠产品主要包括两种:芒硝和无水硫酸钠[24]。硫酸钠暴露于空气中易吸水,生成十水合硫酸钠。芒硝为无色晶体,易溶于水。极易潮解,在干燥的空气中逐渐失去水分而转变为白色粉末状的无水芒硝即无水硫酸钠。

图 2.9 硫酸钠

复分解反应:

$$BaCl_2 + Na_2SO_4 = BaSO_4\downarrow + 2NaCl$$

### 2.10.2 制备方法

中国芒硝资源丰富,种类较多,生产工业无水硫酸钠的工艺也不同,根据制取无水硫酸钠的原料不同,目前国内主要的生产方法有以下几种[5]。

1. 以天然芒硝矿为原料

一般在乡镇企业里,先将天然硝矿全部溶解,再配置按照规定要求的饱和溶液来生产,使得溶液澄清,之后再去掉杂质,蒸发,离心以脱去水分,等其干燥后就可以得到成品。根据该生产工艺,可以把蒸发脱水分为两种方法:平锅法和火塔法。其中平锅法投资小,设备简单,收效快。但是能耗比较高,产品质量也比较差,产量小,对环境的污染也比较严重。火塔法虽然耗煤低,操作简单,但是劳动强度大,设备腐蚀比较严重,产品质量差,对环境的危害也比较严重。

2. 以盐湖卤水为原料

把盐湖卤水进行滩晒,冷却得到粗芒硝。因为在冷冻过程中会掺入一些固体杂质,因此以盐湖卤水为原料制取无水硫酸钠同样也采用全溶蒸发脱水的方法,并且其生产过程与以矿硝为原料制取无水硫酸钠的生产方法一致。

3. 以钙芒硝为原料

首先把矿石经过破碎、加水球磨、浸出以得到芒硝液,然后将芒硝液精制、蒸发脱水、干燥就可以得到成品。这个方法虽然加工程序多,生产成本高,能耗也高,但产品质量高而且比较稳定。

4. 以硫酸钠型井盐矿卤水为原料

湖南、江西等省的硫酸钠型盐矿资源异常丰富。各生产厂家为了使制盐生产顺利,得到高质量精盐、资源得到有效利用,建立了两种工艺路线:冷法提硝盐联产工艺和热法提硝联产工艺。前一种工艺路线所得产品质量非常稳定,工艺可靠,但是冷冻系统容易被腐蚀,与此同时,生产成本太高。后一种工艺路线投资小、工艺简单、能耗低,但是所得的产品质量相对比较低,需要进一步的改善。

5. 以海盐苦卤为原料

到目前为止,可采用混合盐冷冻法、新卤法和兑卤法等方法从海盐苦卤中制取无水硫酸钠。这几种方法的优点在于资源可被充分利用。

### 2.10.3 主要用途

硫酸钠在化学工业中被用作制造硫化钠硅酸钠水玻璃及其他化工产品;在造

纸工业中用于制造硫酸盐纸浆时的蒸煮剂;在玻璃工业中用以代替纯碱作助溶剂;在纺织工业用于调配维尼纶纺丝凝固剂;还可用于有色金属冶金、皮革等方面。

## 2.11 硫酸氢钠($NaHSO_4$)

### 2.11.1 理化性质

硫酸氢钠(图 2.10),也称酸式硫酸钠,灰白色颗粒,晶体或粉末;密度为 $2.1g/cm^3$,熔点为 315℃,沸点为 330℃。它的无水物有吸湿性。水溶液显酸性,0.1mol/L 硫酸氢钠溶液的 pH 大约为 1.4。

图 2.10 硫酸氢钠

(1) 酸碱性:水溶液呈酸性。强电解质,完全电离,生成强酸性溶液:

$$NaHSO_4 =\!=\!= Na^+ + H^+ + SO_4^{2-}$$

注:硫酸氢根不完全电离,是中强酸。

因此可与碱反应:

$$NaHSO_4 + NaOH =\!=\!= Na_2SO_4 + H_2O$$

(2) 可以与弱酸盐发生复分解反应:

$$NaHSO_4 + NaHSO_3 =\!=\!= Na_2SO_4 + H_2O + SO_2\uparrow$$

$$NaHSO_4 + NaHCO_3 =\!=\!= Na_2SO_4 + H_2O + CO_2\uparrow$$

离子方程式均为

$$H^+ + HSO_3^- =\!=\!= SO_2\uparrow + H_2O$$

(3) 与 $BaCl_2$、$Ba(OH)_2$ 反应:

$$BaCl_2 + NaHSO_4 =\!=\!= NaCl + HCl + BaSO_4 \downarrow$$
$$Ba(OH)_2 + NaHSO_4 =\!=\!= NaOH + H_2O + BaSO_4 \downarrow$$

离子方程式:
$$SO_4^{2-} + Ba^{2+} =\!=\!= BaSO_4 \downarrow$$
$$H^+ + SO_4^{2-} + Ba^{2+} + OH^- =\!=\!= BaSO_4 \downarrow + H_2O$$

如果 $Ba(OH)_2$ 少量,则方程式表示为
$$2H^+ + SO_4^{2-} + Ba^{2+} + 2OH^- =\!=\!= BaSO_4 \downarrow + 2H_2O$$

### 2.11.2 制备方法

硫酸氢钠由硫酸钠与硫酸作用而制得。

### 2.11.3 主要用途

硫酸氢钠可用作助熔剂和消毒剂,并用于制硫酸盐和钠矾等;也用作矿物分解助熔剂、酸性染料助染剂以及制取硫酸盐和钠钒等;还用于制造厕所清洁剂、除臭剂、消毒剂。

## 2.12 硫化钠($Na_2S$)

### 2.12.1 理化性质

硫化钠(图 2.11)又称臭碱、臭苏打、黄碱、硫化碱。硫化钠为无机化合物,纯硫化钠为无色结晶粉末,吸潮性强,易溶于水,微溶于醇,水溶液呈强碱性反应,触及皮肤和毛发时会造成灼伤。

图 2.11 硫化钠

硫化钠在酸中分解产生硫化氢。在空气中潮解,同时逐渐发生氧化作用,遇

酸生成硫化氢。

硫化钠受撞击、高热可爆,遇酸产生有毒硫化氢气体,无水硫化碱有可燃性,加热排放有毒硫氧化物烟雾。

### 2.12.2 制备方法

(1) 煤粉还原法[21]:

$$Na_2SO_4 + 2C = Na_2S + 2CO_2 \uparrow$$

$$Na_2SO_4 + 4C = Na_2S + 4CO \uparrow$$

$$Na_2SO_4 + 4CO = Na_2S + 4CO_2$$

(2) 吸收法:

$$H_2S + 2NaOH = Na_2S + 2H_2O$$

(3) 硫化钡法[22]:

$$BaSO_4 + 2C = BaS + 2CO_2 \uparrow$$

$$BaS + Na_2SO_4 = Na_2S + BaSO_4 \downarrow$$

(4) 气体还原法[23]:

$$Na_2SO_4 + 4H_2 = Na_2S + 4H_2O$$

$$Na_2SO_4 + CH_4 = Na_2S + 2H_2O + CO_2$$

$$Na_2SO_4 + 4CO = Na_2S + 4CO_2$$

## 2.13 硫代硫酸钠($Na_2S_2O_3$)

### 2.13.1 理化性质

硫代硫酸钠(图 2.12)为无色晶体或白色粉末,又名大苏打、海波,熔点为 48℃,

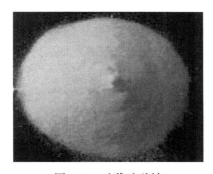

图 2.12 硫代硫酸钠

沸点为 100℃，密度为 1.01g/cm³，相对密度为 1.69，在 48℃迅速熔解。其无水物为粉末，溶于水，几乎不溶于醇。

硫代硫酸钠与强酸、强氧化剂、碘、汞不相容。硫代硫酸钠易溶于水，遇强酸反应产生硫单质和二氧化硫气体，硫代硫酸钠为氰化物的解毒剂。其为无色、透明的结晶或结晶性细粒；无臭，味咸；在干燥空气中有风化性，在湿空气中有潮解性；水溶液显微弱的碱性反应。在硫氰酸酶参与下，能与体内游离的或与高铁血红蛋白结合的氰离子相结合，形成无毒的硫氰酸盐由尿排出而解氰化物中毒。

### 2.13.2 制备方法

(1) 亚硫酸钠法由纯碱溶液与二氧化硫气体反应。
(2) 硫化碱法利用硫化碱蒸发残渣、硫化钡废水与二氧化硫反应，澄清后加入硫磺粉进行加热反应。
(3) 制取无水硫代硫酸钠所用的原料为五水硫代硫酸钠。

### 2.13.3 主要用途

硫代硫酸钠主要用作定影剂，其次用作鞣革时重铬酸盐的还原剂、含氮尾气的中和剂、媒染剂、麦秆和毛的漂白剂以及纸浆漂白时的脱氯剂；还用于四乙基铅、染料中间体等的制造和矿石提银等。

## 2.14 硝酸钠(NaNO₃)

### 2.14.1 物理性质

硝酸钠(图 2.13)，熔点 306.8℃，沸点 380℃，为无色透明或白微带黄色菱形晶体。其味苦咸，易溶于水和液氨，微溶于甘油和乙醇，易潮解，助燃，须存储在阴凉通风的地方。

图 2.13 硝酸钠

## 2.14.2 化学性质

硝酸钠溶解于水时能吸收热。升温到 380℃以上即分解成亚硝酸钠和氧气，400~600℃时放出氮气和氧气，700℃时放出一氧化氮，775~865℃时才有少量二氧化氮和一氧化二氮生成。硝酸钠与硫酸共热，则生成硝酸及硫酸氢钠。硝酸钠与盐类能起复分解作用。硝酸钠作为氧化剂，其与木屑、布、油类等有机物接触，能引起燃烧和爆炸。

## 2.14.3 主要用途

硝酸钠在搪瓷工业中用作助熔剂、氧化剂和配制珐琅粉的原料；在玻璃工业中用作各种玻璃及制品的脱色剂、消泡剂、澄清剂及氧化助熔剂；无机工业用作熔融烧碱的脱色剂和制造其他硝酸盐类；在食品工业中用作肉类加工的发色剂，可防止肉类变质，并能起调味作用；在化肥工业中用作适用酸性土壤的速效肥料，特别适用块根作物，如甜菜、萝卜等；在染料工业中用作生产苦味酸和染料的原料；在冶金工业中用作炼钢、铝合金的热处理剂；在机械工业中用作金属清洗剂和配制黑色金属发蓝剂；在医药工业中用作青霉素的培养基；在卷烟工业中用作烟草的助燃剂；在分析化学中用作化学试剂。此外，其也用于生产炸药等。化学纯的硝酸钠用于镀锌层的低铬酸钝化和镁合金的氧化溶液中。

# 2.15 亚硝酸钠($NaNO_2$)

## 2.15.1 理化性质

亚硝酸钠(图 2.14)，白色至浅黄色粒状、棒状或粉末，有吸湿性，加热至 320℃以上分解，在空气中慢慢氧化为硝酸钠。相对密度为 2.1，熔点 271℃，有氧化性。

图 2.14 亚硝酸钠

亚硝酸钠易潮解，易溶于水和液氨，其水溶液呈碱性，pH约为9，微溶于乙醇、甲醇、乙醚等有机溶剂。亚硝酸钠有咸味，有时被用来制造假食盐，接触有机物易燃烧爆炸，属强氧化剂又有还原性，在空气中会逐渐氧化，表面变为硝酸钠，也能被氧化剂所氧化；遇弱酸分解放出棕色二氧化氮气体；与有机物、还原剂接触能引起爆炸或燃烧，并放出有毒的刺激性的氧化氮气体；遇强氧化剂也能被氧化，特别是铵盐，如与硝酸铵、过硫酸铵等在常温下，即能互相作用产生高热，引起可燃物燃烧。

### 2.15.2 亚硝酸钠的危害

虽然亚硝酸钠应用于腌制品的优点很多，但是长期和过量摄入亚硝酸钠会对人体健康产生较大的危害。过量摄入亚硝酸钠会造成急性中毒现象[27]。肉制品中加入的亚硝酸钠在酸性条件环境下会分解产生亚硝酸，而亚硝酸十分不稳定，非常容易分解产生亚硝基。亚硝基能够与人体蛋白质代谢产物仲胺类化合物结合生成亚硝胺。特别是当肉类原料不新鲜时，其中的蛋白质分解产生大量的胺类物质，由此形成的亚硝胺数量更多，毒性更大。研究证明亚硝胺对人体具有非常强的致突变、致畸、致癌作用。人体胃液的pH低，亚硝酸钠更容易分解，因而人体胃部很适合亚硝胺类物质的生成。

### 2.15.3 亚硝酸钠的毒性

亚硝酸钠对人的中毒量为0.3~0.5g，致死量为2~3g。正常人血红蛋白含$Fe^{2+}$，具有使全身组织细胞运送$O_2$和带走$CO_2$的功能。当人体吸收过量的亚硝酸盐后，由于机体来不及分解转化，它被大量吸收进入血液，其还原性可将血红蛋白中的$Fe^{2+}$迅速转化为$Fe^{3+}$，机体中血红蛋白会迅速地被氧化为高铁血红蛋白，从而引起高铁血红蛋白含量的升高，使血红蛋白丧失了携氧的功能，同时还会阻碍血红蛋白释放所携带的氧，最终会造成机体组织缺氧，进而引发呼吸困难、皮肤发绀、血压下降等一系列症状，情况严重的会昏迷惊厥、抽筋、大小便失禁、最后导致呼吸衰竭而死亡。亚硝酸盐的大量摄入还会干扰碘的代谢，使甲状腺摄取碘的能力下降，从而造成甲状腺肿大；还可以松弛血管的平滑肌，使末梢血管扩张而导致外周循环衰竭。另外，由于亚硝酸钠外观上和食盐、白糖十分相似，都是白色的晶体[28]，只用肉眼很难识别出来，同时很多食品标识不清楚、管理混乱，日常生活中容易误当作食盐、白糖使用，造成急性中毒。

$Na^+$检测方法有化学方法和仪器检测方法。

1. 化学方法：

(1) 原理：利用锑酸钾 $K[Sb(OH)_6]$ 与钠离子反应，生成白色晶状沉淀

$Na[Sb(OH)_6]$ 来检验钠离子。

操作：在试管中加入一定量的未知溶液，再向试管中滴加 $K[Sb(OH)_6]$ 饱和溶液，若有白色晶状沉淀生成则含有钠离子。

(2) 焰火反应：铁丝蘸取未知溶液，放到火焰上灼烧，若火焰是黄色，则存在钠离子。

2. 仪器检测方法

原子发射光谱分析法：元素在受到热或电激发时，由基态跃迁到激发态，返回到基态时，发射出特征光谱，依据特征光谱进行定性、定量的分析方法。

## 参 考 文 献

[1] 王新磊, 鲍黎明, 张仂, 等. 艾比湖盐湖综合开发研究[J]. 盐科学与化工, 2018, 47(9): 13-15.
[2] 孙成文, 曹咏絮. 高纯钠汞齐的电化学制备方法[J]. 化学试剂, 1991, 13(5): 312-314, 305.
[3] 王玉芝, 冯友键. 金属钠生产消费及开发前景[J]. 化工时刊, 1995, (4): 25-26.
[4] 师晓光. 金属钠市场分析[J]. 无机盐工业, 2006, (06): 5-7.
[5] 陈宗璋, 杨进全, 王冒贵. 关于 $\beta$-$Al_2O_3$ 固体电解质中钠沉积现象的研究[J]. 硅酸盐学报, 1983, 11(4): 459-468.
[6] 陈宗琼. $\beta$-$Al_2O_3$ 隔膜熔融电解制金属钠的研究[J]. 无机盐工业, 1978, 3: 42-43.
[7] 陈宗璋, 杨进全, 文国安, 等. $\beta$-$Al_2O_3$ 隔膜法电解熔融氯化钠制取高纯钠和氢氧化钠的研究[J]. 湖南大学学报, 1984, 2: 95-105.
[8] 刘在彤, 李常娥, 杨玉玲, 等. 苛化法制备亚微米纺锤形碳酸钙联产氢氧化钠[J]. 无机盐工业, 2019, 51(8): 56-59.
[9] 徐景文. 离子交换膜法食盐电解制造高纯烧碱[J]. 上海化工, 1978, (1): 12-15.
[10] 雷昕. 浅析次氯酸钠的制备方法及其漂白原理[J].化工管理, 2018, (2): 129.
[11] 孙昌宝, 黄炯秋, 王化远. 二电解法氯碱生产的安全技术[M]. 北京：化学工业出版社, 1983.
[12] 杨卫国. 次氯酸钠水溶液的稳定技术[J]. 中国氯碱, 2002, 11(11): 20-21.
[13] 苗绵会, 史海军, 周立乔. 次氯酸钠生产工艺的改造[J]. 氯碱工业, 2006, (3): 27.
[14] Lichts, Naschitzv, Liu B, et al. Chemical synthesis of battery grade superiro nbariumand potassium Fe(III) ferrate compounds[J]. Jpower Sources, 2001, 99(1-2): 7-14.
[15] Lichts, Wang B, Ghosh S, Energeticiron chemistryahe superiron battery[J]. Science, 1999, 285(5430): 1039-1042.
[16] 冒国光, 戴敏, 曾照宏. 紫外分光光度法测定次氯酸钠溶液有效氯含量的试验观察[J].中国消毒学杂志, 1997, 14(1): 50-51.
[17] 王世岭, 孔繁凤, 常东. $\alpha$-环糊精对次氯酸钠溶液稳定性影响的研究[J]. 中国消毒学杂志, 1990, 7(1): 27-30.
[18] 乔平定, 李增钧. 黄土地区工程地质[M]. 北京：水利电力出版社, 1990.
[19] 孙根班, 易慧霞, 李崧, 等. 模拟工业制碱法的微型化实验设计[J]. 实验技术与管理, 2015, 32(8): 40-44.

[20] 田雅玲, 贾光弟, 艾进达, 等. 利用超声雾化技术优化"侯氏制碱"模拟实验[J]. 化学教学, 2020, (4): 61-63.
[21] M E 波任. 有机盐工艺学(上册)[M]. 北京: 化学工业出版社, 1982.
[22] 唐梦诗. 离子交换法制备硫化钠和氯化钡[J]. 无机盐工业, 1981, 1: 52.
[23] 刘海霞. 硫化钠的生产技术及安全、职业病防护[J]. 盐业与化工, 2014, 43(9): 8-11.
[24] 陈霞, 李鸿. 超声波对硫酸钠溶液结晶成核的影响[J]. 天津大学学报, 2011, 44(9): 835-839.
[25] 李淑萍. 大颗粒无水硫酸钠结晶工艺及数学模型研究[D]. 太原: 中北大学, 2001.
[26] 张淑雅, 孙悦, 孙雅洁. 高硫尾气处理及亚硫酸钠制取工艺研究[J]. 山东化工, 2020, 49(5): 233-236.
[27] 谢君红. 肉类食品中亚硝酸盐使用状况的调查分析[J]. 食品科技, 2009, 34(4): 119-123.
[28] 朱杰, 王拥军. 介绍一些亚硝酸钠和氯化钠的鉴别方法[J]. 化学教学, 2006, (11): 6-9.

# 第3章 钾及其盐

当今，含钾盐湖资源在国内外都进行了大规模的开发。含钾卤水主要有氯化物型、硫酸盐型和碳酸盐型三种。氯化物盐湖其水盐体系可以表述为 $Na^+$、$K^+$、$Mg^{2+}$//$Cl^-$-$H_2O$；硫酸盐型盐湖其水盐体系可以表述为 $Na^+$、$K^+$、$Mg^{2+}$//$Cl^-$、$SO_4^{2-}$-$H_2O$；碳酸盐型盐湖其水盐体系可以表述为 $Na^+$、$K^+$//$Cl^-$、$SO_4^{2-}$、$CO_3^{2-}$-$H_2O$。根据不同的卤水类型，其开发的路线、方法、产品也不同。

## 3.1 钾(K)

### 3.1.1 物理性质

钾是一种银白色的软质金属，蜡状，可用小刀切割，熔、沸点低，密度比水小，是ⅠA族的元素之一，属于碱金属。钾在自然界没有单质形态存在，钾元素以盐的形式广泛分布于陆地和海洋中，也是人体肌肉组织和神经组织中的重要成分之一。

英国化学家戴维于1807年通过电解氢氧化钾熔盐的方法成功制取了金属钾。钾最初是从草木灰(potash)中提取的，所以被命名为(potassium)"钾"。钾为立方体结构的金属，理化性质和钠非常相似，熔点 336℃，沸点 770℃，密度为 0.862g/cm³。钾是热和电的良导体，具有较好的导磁性，质量分数 77.2%的钾和 22.8%的钠形成的钾钠合金熔点只有 12℃，是核反应堆导热剂。钾单质还具有良好的延展性，硬度也低，能够溶于汞和液态氨，溶于液氨形成蓝色溶液。已发现的钾的同位素共有 28 种，包括从 $^{32}K$ 至 $^{55}K$，其中在自然界中存在的只有 $^{39}K$、$^{40}K$ 和 $^{41}K$，其他同位素都是由人工制造。$^{40}K$ 有放射性，是岩石和土壤中天然放射性本底的重要来源之一。

钾离子可用焰色反应检测[1]。

### 3.1.2 化学性质

(1) 钾的化学性质比钠还要活泼，仅比铯、铷活动性差。钾暴露在空气中，表面会迅速覆盖一层氧化钾和碳酸钾，使它失去金属光泽(表面显蓝紫色)，因此金属钾应保存在液体石蜡或氩气中以防止氧化。

$$4K + O_2 =\!=\!= 2K_2O$$

$$K_2O + CO_2 =\!=\!= K_2CO_3$$

(2) 钾在空气中加热就会燃烧，它在有限量氧气中加热，生成氧化钾；在过量氧气中加热，生成过氧化钾和超氧化钾的混合物。

$$2K + O_2 \xrightarrow{\triangle} K_2O_2$$

$$K + O_2 \xrightarrow{\triangle} KO_2$$

(3) 金属钾溶于液氨生成深蓝色液体，可导电，实验证明其中含氨合电子，钾的液氨溶液久置或在铁的催化下会分解为氢气和氨基钾。钾的液氨溶液与氧气作用，生成超氧化钾，与臭氧作用，生成橘红色的臭氧化钾。

(4) 钾与水剧烈反应，甚至在冰上也能着火，生成氢氧化钾和氢气，反应时放出的热量能使金属钾熔化，并引起钾和氢气燃烧。

$$2K + 2H_2O =\!=\!= 2KOH + H_2\uparrow$$

(5) 钾与氟、氯、溴、碘都能发生反应，生成相应的卤化物。

$$2K + X_2 =\!=\!= 2KX$$

(6) 钾不与氮气作用，与氨作用，生成氨基钾，并放出氢气。

$$2K + 2NH_3 =\!=\!= 2KNH_2 + H_2\uparrow$$

(7) 钾与汞形成钾汞齐，是还原剂，与水反应不剧烈。钾和汞作用时会发生强烈的放热反应。钾的氧化态为+1，只形成+1价的化合物。

$$K + Hg =\!=\!= K[Hg]$$

实际上高氯酸钾、酒石酸氢钾、六氯铂酸钾、钴亚硝酸钠钾、四苯硼酸钾等溶解度均较小。

### 3.1.3 储存方法

金属钾很活泼，需隔绝空气和水储存。一般把钾、钠储存在煤油和液体石蜡中。储存库房应通风、低温、干燥；与酸、氧化剂分开存放，储存和使用都要注意安全。由金属钾引起的火灾，不能用水或泡沫灭火剂扑灭，而要用碳酸钠干粉。钾也对皮肤有很强的腐蚀性。

### 3.1.4 含量分布

钾以化合物形式分布于自然界当中，许多矿物中含有钾元素。其中含钾量较高的矿石主要有：钾长石（$KAlSi_3O_8$）、云母[$KAl_2(KAlSi_3O_8)(OH)_2$]、光卤石（$KCl \cdot MgCl \cdot 6H_2O$）和钾石盐（$NaCl \cdot KCl$）等。海水及盐湖中含有大量的钾盐，目前已探明的钾盐储量(以 $K_2O$ 计算)大约为 $5.3×10^9 t$。其中俄罗斯约占 49%，加拿大约占 37%，我国的青海盐湖中也蕴藏有大量的钾盐[2]。

### 3.1.5 制备方法

金属钾的可采用电解氢氧化钾的方法来制备，但由于金属钾化学性质活泼，还原性太强，工业上通常采用熔融的氢氧化钾或氯化钾与金属钠发生置换反应来制取金属钾[3]：

$$KCl + Na = K\uparrow + NaCl$$

在高温条件下，收集钾蒸气，冷凝后即可获得金属钾。

### 3.1.6 主要用途

金属钾可以用作橡胶工业中的催化剂，电子工业中的脱水剂和除氧剂及化工合成领域中的还原剂。另外一个重要用途是生产钾钠液体合金，因其具有较高的比热容而被用作一些特殊设备中的热传导媒介。

钾元素与动植物的生长发育也有很大关系。钾是与氮、磷并称的植物生长不可或缺的三大营养元素之一[4]。钾离子直接参与动植物体内的许多生物化学过程，具有促进细胞体内有机物合成的作用。缺钾会导致植物体难以吸收合成糖分所必需的二氧化碳，同时还会导致植物的呼吸过程加快，增加能量消耗。因此缺钾的植物通常生长缓慢、叶茎细弱且枝叶枯黄、容易发生病虫害、种子的发芽率也会有所下降[4]。要想在农业上获得丰收，钾元素的供给必不可少。

钾元素对人类的健康状况也有重要影响。人体内血液和细胞原生质中都含有钾，尤其在肝脏和脾脏中含有大量的钾元素。钾元素可以调节酶的活性，同时也会对神经冲动的传递产生影响。缺钾会使细胞体内物质交换发生障碍从而导致器官产生病变。钾是生命的基础元素，特别是处于生长发育期的儿童更应该注意及时补充钾元素。

## 3.2 氧化钾($K_2O$)

### 3.2.1 物理性质

氧化钾(图 3.1)为白色粉末，密度 $2.32g/cm^3$，熔点 770℃，沸点 1500℃。易潮解，易溶于水。

图 3.1 氧化钾

### 3.2.2 化学性质

(1) 溶于水生成氢氧化钾,并放出大量热,易吸收空气中的二氧化碳成为碳酸钾。

$$K_2O + H_2O = 2KOH$$

$$2KOH + CO_2 = K_2CO_3 + H_2O$$

(2) 氧化钾与酸反应。

$$K_2O + 2H^+ = 2K^+ + H_2O$$

### 3.2.3 制备方法

用钾还原过氧化钾或硝酸钾来制备氧化钾。

$$2KNO_3 + 10K = 6K_2O + N_2\uparrow$$

### 3.2.4 主要用途

氧化钾主要用于无机工业,是制造 KOH、$K_2SO_4$、$KNO_3$ 等的基本原料;在医药工业中用作利尿剂及防治缺钾症的药物;在染料工业中用于生产 G 盐、活性染料等;在日化工业中用于制造肥皂;在电池工业中用于制造碱性电池的电解质。此外,还用于制造枪口或炮口的消焰剂,钢铁热处理剂,以及用于照相。

## 3.3　过氧化钾($K_2O_2$)

### 3.3.1 物理性质

过氧化钾为黄色无定形块状物,熔点 490℃,密度 3.5g/cm³,易潮解。

### 3.3.2 化学性质

(1) 易潮解，跟水反应生成氢氧化钾，放出氧气。

$$2K_2O_2 + 2H_2O = 4KOH + O_2\uparrow$$

(2) 溶于稀硫酸生成过氧化氢。

$$K_2O_2 + 2H^+ = H_2O_2 + 2K^+$$

(3) 过氧化钾能吸收二氧化碳并放出氧气。

$$2K_2O_2 + 2CO_2 = 2K_2CO_3 + O_2$$

### 3.3.3 制备方法

过氧化钾的制备可由金属钾的液氨溶液在-50℃通入氧气慢慢变为无色至橙色沉淀，也可由氢氧化钾与过氧化氢混合的水溶液在真空中，浓硫酸上蒸发得二水合结晶。

### 3.3.4 主要用途

过氧化钾可用作氧化剂、漂白剂、氧发生剂。

## 3.4 超氧化钾(KO$_2$)

### 3.4.1 物理性质

超氧化钾(图3.2)是淡黄色粉末。熔点400℃，密度2.14g/cm$^3$，受热分解。

图 3.2 超氧化钾

### 3.4.2 化学性质

(1) 与水反应生成氢氧化钾、过氧化氢和氧气：

$$2KO_2 + 2H_2O = 2KOH + H_2O_2 + O_2\uparrow$$

(2) 与稀酸反应生成相应的盐、过氧化氢和氧气：

$$2KO_2 + 2H^+(aq) = 2K^+ + H_2O_2 + O_2\uparrow$$

(3) 与二氧化碳反应生成碳酸钾和氧气：

$$4KO_2 + 2CO_2 = 2K_2CO_3 + 3O_2$$

(4) $KO_2$ 高温分解为过氧化钾和氧气：

$$2KO_2 \xrightarrow{高温} K_2O_2 + O_2\uparrow$$

## 3.5 氢氧化钾(KOH)

### 3.5.1 物理性质

氢氧化钾(图3.3)别名苛性钾、苛性碱、钾灰，白色斜方结晶，工业品为白色或淡灰色的块状或棒状；熔点380℃，沸点1324℃，密度2.04g/cm³；易溶于水，溶于乙醇，微溶于醚[5]。

图 3.3 氢氧化钾

### 3.5.2 化学性质

氢氧化钾具强碱性及腐蚀性。0.1 mol/L KOH 溶液的 pH 为 13.5。氢氧化钾具有碱的通性。

(1) 碱性反应：可使石蕊试液变蓝、酚酞试液变红。

(2) 与酸反应：如与盐酸、硫酸、硝酸反应。

$$KOH + HCl =\!=\!= KCl + H_2O$$

$$2KOH + H_2SO_4 =\!=\!= K_2SO_4 + 2H_2O$$

$$KOH + HNO_3 =\!=\!= KNO_3 + H_2O$$

$$OH^- + H^+ =\!=\!= H_2O$$

(3) 与酸性氧化物反应：如与二氧化碳、二氧化硫反应。

$$2KOH + CO_2 =\!=\!= K_2CO_3 + H_2O$$

$$2KOH + SO_2 =\!=\!= K_2SO_3 + H_2O$$

(4) 与两性金属反应：如与铝反应。

$$2KOH + 2Al + 2H_2O =\!=\!= 2KAlO_2 + 3H_2\uparrow$$

(5) 与两性氧化物反应：如与氧化铝反应。

$$2KOH + Al_2O_3 =\!=\!= 2KAlO_2 + H_2O$$

(6) 与两性氢氧化物反应：如与氢氧化铝反应。

$$KOH + Al(OH)_3 =\!=\!= KAlO_2 + 2H_2O$$

(7) 与过渡元素盐溶液发生复分解反应。

$$2KOH + CuSO_4 =\!=\!= Cu(OH)_2\downarrow + K_2SO_4$$

$$3KOH + FeCl_3 =\!=\!= Fe(OH)_3\downarrow + 3KCl$$

(8) 相关化学反应。

$$2KOH + CuCl_2 =\!=\!= Cu(OH)_2\downarrow + 2KCl$$

$$Ca(OH)_2 + K_2CO_3 =\!=\!= 2KOH + CaCO_3\downarrow$$

$$6KOH + 4O_3 =\!=\!= 4KO_3 + 2(KOH\cdot H_2O) + O_2\uparrow \quad (KO_3\text{为橘红色})$$

$$6KOH + 4O_3 =\!=\!= 4KO_3 + 2KOH + 2H_2O + O_2\uparrow$$

$$6KOH + 3S \xrightarrow{\triangle} 2K_2S + K_2SO_3 + 3H_2O$$

$$2KOH + SO_2 =\!=\!= K_2SO_3 + H_2O$$

$$KOH + CO_2 =\!=\!= KHCO_3$$

$$2KOH + H_2S =\!=\!= K_2S + 2H_2O$$

$$3KOH + C_6H_6Cl_6 =\!=\!= C_6H_3Cl_3 + 3KCl + 3H_2O$$

### 3.5.3 制备方法

(1) 隔膜电解法。原料氯化钾在化盐槽溶化成饱和溶液,加热至 90℃时依次加入碳酸钾、苛性钾、氯化钡除去钙、镁和硫酸根等杂质,经沉降除渣、盐酸中和、精制的含氯化钾 280~315g/L 溶液经预热到 70~75℃后进行电解,得氢氧化钾、氯气和氢气。隔膜法所得氢氧化钾浓度为 10%~11%,需通过蒸发浓缩和冷却澄清,制得含 45%~50%氢氧化钾溶液;也可继续在熬碱锅中浓缩,经脱色,制得固体氢氧化钾,或经制片工序得片状氢氧化钾产品。

$$2KCl + 2H_2O \xrightarrow{电解} 2KOH + H_2 \uparrow + Cl_2 \uparrow$$

(2) 水银电解法。电解液的配制同隔膜电解法。电解室中以石墨(或金属)作阳极,水银作阴极,电解产生的氯气送氯气干燥工序,生成的钾汞齐流入解汞室。大部分未反应的氯化钾以淡盐水状态经处理后,返回原料溶解工序。钾汞齐与清水反应生成氢氧化钾和氢气。因解汞室出来的氢氧化钾浓度为 45%~50%,可作为液体氢氧化钾产品,也可再经熬碱锅蒸浓成固碱或制成片状氢氧化钾产品。

(3) 通过高温加热碳酸钙生成氧化钙,氧化钙与水反应生成氢氧化钙,氢氧化钙与草木灰反应生成氢氧化钾。

$$CaCO_3 \xrightarrow{高温} CaO + CO_2 \uparrow$$
$$CaO + H_2O =\!=\!= Ca(OH)_2$$
$$Ca(OH)_2 + K_2CO_3 =\!=\!= 2KOH + CaCO_3 \downarrow$$

### 3.5.4 主要用途

氢氧化钾用作干燥剂、吸收剂,用于制草酸及各种钾盐,还用于电镀、雕刻、石印术等;主要用作钾盐生产的原料,如高锰酸钾、碳酸钾等;用作分析试剂、皂化试剂、二氧化碳和水分的吸收剂;日化工业用作制造洗污肥皂、洗头软皂、雪花膏、洗发膏等的原料;制药工业用于制造黄体酮、香兰素等原料;染料工业用于制造三聚氰胺染料;电池工业用于制造碱性蓄电池。

## 3.6 氯化钾(KCl)

### 3.6.1 物理性质

氯化钾(图 3.4)是白色晶体,味极咸,无臭,无毒性。熔点 770℃,沸点 1420℃,闪点 1500℃,密度 1.984g/cm$^3$;易溶于水、醚、甘油及碱类,微溶于乙醇,但不溶于无水乙醇，有吸湿性，易结块；在水中的溶解度随温度的升高而迅速增加，与钠盐常起复分解作用而生成新的钾盐。

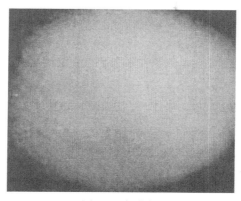

图 3.4 氯化钾

### 3.6.2 化学性质

(1) 氯化钾可以作工业制备金属钾的原料：

$$KCl + Na \xrightarrow{高温} K + NaCl$$

(2) 氯化钾与浓硫酸反应生成硫酸氢钾和氯化氢，可以用作有机反应：

$$KCl + H_2SO_4 =\!=\!= KHSO_4 + HCl$$

(3) 电解氯化钾溶液生成氢氧化钾、氢气和氯气：

$$2KCl + 2H_2O \xrightarrow{电解} 2KOH + H_2\uparrow + Cl_2\uparrow$$

(4) 相关化学反应：

$$KCl \cdot MgCl_2 \cdot 6H_2O + nH_2O =\!=\!= KCl + MgCl_2 + (n+6)H_2O$$

$$2KClO_3 \xrightarrow{MnO_2} 2KCl + 3O_2\uparrow$$

### 3.6.3 制备方法

(1) 重结晶法。将工业氯化钾加入盛有蒸馏水的溶解槽中进行溶解，再加入脱色剂、除砷剂、除重金属剂进行溶液提纯，经沉淀、过滤、冷却结晶、固液分离、干燥，制得食用氯化钾成品。

(2) 以氯化镁和氯化钾为主要成分的岩盐光卤石粉碎，与75%的水混合，通入过热蒸汽，冷却后析出氯化钾。此粗晶体经水洗、重结晶精制而得。从海水析出氯化钠后的母液，经浓缩、结晶、精制而得。

(3) 浮选法。将钾石盐矿(或砂晶盐)先经破碎、球磨机粉碎后，边搅拌边加入1%十八胺浮选剂，同时加入2%纤维素进行浮选，再经离心分离，制得氯化钾成品。分解-浮选联合法是将光卤石先经筛分，粗品再经粉碎后，加入水、母液和浮选剂进行分解，再经粗选、精选、过滤、洗涤、离心分离、干燥，制得氯化钾成品。

(4) 兑卤法。将海水析出氯化钠后的苦卤和老卤(析出氯化钾镁复盐后的母液)按一定的比例掺兑，使混合卤中硫酸镁和氯化镁的物质的量比在 0.11 以下，氯化镁与氯化钾的比值在 11 左右，在兑卤槽中充分析出苦盐(含氯化钠 90%、氯化镁 2%、硫酸镁 1%和氯化钾 0.4%)并除去。将混合卤蒸发浓缩至 128℃后放入保温沉降器，在 124℃下析出高温盐(含氯化钠 40%、氯化镁 14%、硫酸镁 13%和氯化钾 1%)，在 85～90℃下析出低温盐(含氯化钠 20%、氯化镁 17%、硫酸镁 22%和氯化钾 1.3%)。分离后，滤液经冷却析出氯化钾镁复盐即人造光卤石，分离光卤石后的母液为老卤。光卤石加水分解，使氯化镁溶解，得粗氯化钾；后者经水洗、重结晶得成品。作为医药或食品用氯化钾，还需将上述产品溶于水，过滤后通入氯气至饱和。煮沸除去过量的氯，再通入氯化氢使氯化钾析出。分离后用水洗涤后再溶于水，过滤、冷却至-5℃左右得结晶，并在 100～120℃下干燥得成品。光卤石浮选法光卤石主要成分为氯化钾，用水及浮选剂进行粗选、精选得氯化钾。此品经水洗、重结晶精制得成品。

(5) 将氢氧化钾用盐酸中和。在纯氢氧化钾水溶液中加入化学计量的浓盐酸，酸稍过量，使溶液略呈酸性，加热浓缩，溶液仍须呈酸性，冷却后有氯化钾沉淀析出，吸滤，将沉淀置于蒸发皿中，放在沙浴上，边搅拌边加热干燥。精制方法市售氯化钾中含有的杂质以氯化钠和氯化镁为主，也含有少量硫酸盐、铁盐、铝盐等。取 500g 市售氯化钾与 1.5L 蒸馏水混合研磨，过滤，滤液放入蒸发皿中，向其中加入由 5g 氧化钙制成的石灰乳和 12g 纯的氯化钡，充分搅拌，待沉淀后取少许上部清液，滴加氯化钡，确证已无沉淀生成，过滤，向滤液中加入 15g 纯净的无水碳酸钾，搅拌后静置，过滤，加热滤液至沸腾时加入稀盐酸，使之呈酸性。用直接火加热浓缩，至体积浓缩至 1/3 时，即有氯化钾析出，冷却后，将结晶吸滤，置蒸发皿中，用砂浴干燥。

(6) 将 25 份蒸馏水加到 10 份工业氯化钾中，加热搅拌均匀，在溶液中通入硫化氢气体或加入硫化氢溶液，使重金属的硫化物完全沉淀析出，然后分别加入少许活性炭和少许双氧水，再加入适量的氯化钡饱和溶液，并检查 $SO_4^{2-}$ 是否沉淀完全。将溶液过滤后加热 5min，加入碳酸钾，使溶液 pH 达 11～12，并检查 $Ba^{2+}$ 是否沉淀完全(在滤液样品中用稀硫酸酸化，溶液不变混浊或不产生沉淀为合格)。趁热过滤，滤液用化学纯盐酸中和至 pH=7，搅拌均匀，让滤液冷却结晶。结晶甩干，于

(100±5)℃干燥，即可包装。过程中氯化钡和碳酸钾的加入量，应根据原料氯化钾(工业品)中 $SO_4^{2-}$ 和 $Ca^{2+}$ 等的含量确定。如果在进行结晶时，采用机械搅拌(150~200r/min)，则所得试剂的纯度要高得多(对硫酸盐杂质和铵盐杂质的含量而言)。

(7) 冷分解法。将光卤石经粉碎后，放入分解器，加入水、母液和浮选剂进行分解，由分解器下部排出的粗钾料浆泵入沉降器。沉降料浆经器底放出，经离心分离，脱去母液得到粗钾。粗钾送入洗涤器中，室温下将其中所含的氯化钠溶解入水，浆液经再次沉降、离心分离、干燥，制得氯化钾成品。清液作为精钾母液，循环使用。

### 3.6.4 主要用途

氯化钾主要用于无机工业，制造各种钾盐或碱，如氢氧化钾、硫酸钾、硝酸钾、氯酸钾、红矾钾等的基本原料；在医药工业中用作利尿剂及防治缺钾症的药物；在染料工业中用于生产 G 盐、活性染料等；在农业上则是一种钾肥；其肥效快，直接施用于农田，能使土壤下层水分上升，有抗旱的作用。但在盐碱地及对烟草、甘薯、甜菜等作物不宜施用。氯化钾口感上与氯化钠相近(苦涩)，也用作低钠盐或矿物质水的添加剂。此外，还用于制造枪口或炮口的消焰剂、钢铁热处理剂，以及照相；用于医药、食品加工，食盐里面也可以以部分氯化钾取代氯化钠，以降低导致高血压的可能性。

## 3.7 硫酸钾($K_2SO_4$)

### 3.7.1 物理性质

硫酸钾(图 3.5)是无色或白色的六方形或斜方晶系结晶或颗粒状粉末，熔点 1067℃，

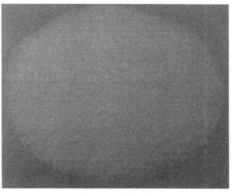

图 3.5 硫酸钾

沸点1089℃，密度2.66g/cm³，易溶于水，不溶于乙醇、丙酮、二硫化碳。氯化钾、硫酸铵可以增加其水中的溶解度，但几乎不溶于硫酸铵的饱和溶液，可通过蓝色钴玻璃观察，其焰色反应为紫色。

### 3.7.2 化学性质

复分解反应：硫酸钾可与可溶性钡盐溶液反应生成硫酸钡沉淀。

### 3.7.3 制备方法

(1) 曼海姆法[6]：

$$\begin{cases} KCl + H_2SO_4(浓) == KHSO_4 + HCl \\ KHSO_4 + KCl == K_2SO_4 + HCl \end{cases}$$

(2) 缔置法[7]：

$$\begin{cases} H_2SO_4 + 2R_3N == (R_3NH)_2SO_4 \\ (R_3NH)_2SO_4 + 2KCl == 2(R_3NH)Cl + K_2SO_4(缔合) \\ (R_3NH)Cl + NH_3 == R_3N + NH_4Cl(解缔) \end{cases}$$

(3) 硫酸铵转化法[8]：

$$(NH_4)_2SO_4 + 2KCl == K_2SO_4 + 2NH_4Cl$$

(4) 硫酸镁转化法[9]：

$$2MgSO_4 \cdot 7H_2O + 2KCl == MgSO_4 \cdot K_2SO_4 \cdot 6H_2O + MgCl_2 + 8H_2O$$

$$MgSO_4 \cdot K_2SO_4 \cdot 6H_2O + 2KCl == 2K_2SO_4 + MgCl_2 + 6H_2O$$

(5) 硫酸亚铁转化法[10]：

$$2FeSO_4 + 2KCl + 6H_2O == FeSO_4 \cdot K_2SO_4 \cdot 6H_2O + FeCl_2$$

$$FeSO_4 \cdot K_2SO_4 \cdot 6H_2O + 2KCl == 2K_2SO_4 + FeCl_2 + 6H_2O$$

$$2FeCl_2 + Cl_2 == 2FeCl_3$$

(6) 芒硝转化法[11]：

$$4Na_2SO_4 + 6KCl == Na_2SO_4 \cdot 3K_2SO_4 + 6NaCl$$

$$Na_2SO_4 \cdot 3K_2SO_4 + 2KCl == 4K_2SO_4 + 2NaCl$$

(7) 石膏转化法：

$$CaSO_4 \cdot 2H_2O + 2KCl == K_2SO_4 + CaCl_2 + 2H_2O^{[12]}$$

$$CaSO_4 \cdot 2H_2O + 2NH_4HCO_3 == (NH_4)_2SO_4 + CaCO_3 + CO_2 + 3H_2O^{[13]}$$

$$(NH_4)_2SO_4 + 2KCl \rightleftharpoons K_2SO_4 + 2NH_4Cl$$

### 3.7.4 主要用途

硫酸钾是制造各种钾盐如碳酸钾、过硫酸钾等的基本原料；在玻璃工业中用作澄清剂；在染料工业用作中间体；在香料工业中用作助剂等；在医药工业中用作缓泻剂、治疗可溶性钡盐中毒等；硫酸钾在农业上是常用的钾肥。

## 3.8 硝酸钾($KNO_3$)

### 3.8.1 物理性质

硝酸钾(图 3.6)俗称火硝或土硝，是无色透明棱柱状或白色颗粒或结晶性粉末，熔点 334℃，密度 2.11g/cm³，味辛辣而咸有凉感，微潮解，潮解性比硝酸钠微小[14]。

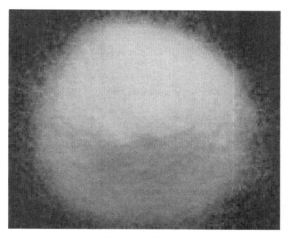

图 3.6 硝酸钾

### 3.8.2 化学性质

(1) 参与氧化还原反应：

$$S + 2KNO_3 + 3C \rightleftharpoons K_2S + N_2\uparrow + 3CO_2\uparrow$$

(2) 酸性环境下具有氧化性：

$$6FeSO_4 + 2KNO_3(浓) + 4H_2SO_4 \rightleftharpoons K_2SO_4 + 3Fe_2(SO_4)_3 + 2NO\uparrow + 4H_2O$$

(3) 加热分解生成氧气：

$$2KNO_3 \xrightleftharpoons{\Delta} 2KNO_2 + O_2\uparrow$$

(4) 该物品与有机物、磷、硫接触或撞击加热能引起燃烧和爆炸。

### 3.8.3 制备方法

(1) 复分解法(转化法)：

$$KCl + NaNO_3 \rightleftharpoons KNO_3 + NaCl^{[15]}$$

$$KCl + NH_4NO_3 \rightleftharpoons KNO_3 + NH_4Cl^{[16,17]}$$

(2) 溶剂萃取法：即用硝酸与氯化钾在低温下加入有机萃取剂生产硝酸钾与副产物盐酸的方法，农业上广泛应用[18]。

$$KCl(固) + HNO_3(液) \rightleftharpoons KNO_3(固) + NaCl(液)$$

(3) 离子交换法：离子交换工艺可以得到极高纯度的硝酸钾产品[19]。

$$KR + NH_4NO_3 \rightleftharpoons KNO_3 + NH_4R$$

再生反应：

$$KCl + NH_4R \rightleftharpoons KR + NH_4Cl$$

(4) 硝土制取法：从硝土中提取硝酸钾，主要原理是利用草木灰中的钾离子取代硝土中的钠离子，从而生成硝酸钾。另外，草木灰中的碳酸根离子和硫酸根离子与硝土里的钙、镁离子结合，生成难溶性的盐而沉淀，从而去除钙、镁等杂质。主要反应式是：

$$Ca(NO_3)_2 + K_2SO_4 = 2KNO_3 + CaSO_4\downarrow$$

$$Ca(NO_3)_2 + K_2CO_3 = 2KNO_3 + CaCO_3\downarrow$$

$$Mg(NO_3)_2 + K_2CO_3 = 2KNO_3 + MgCO_3\downarrow$$

### 3.8.4 主要用途

硝酸钾主要用于军事和焰火、药物，也可以用于陶瓷彩釉剂、化学工业催化剂、食品防腐剂等，是一种重要的无机化工原料，还是一种植物营养成分高达60%的优质化肥[20]。

## 3.9 碳酸钾($K_2CO_3$)

### 3.9.1 物理性质

碳酸钾(图 3.7)是白色结晶粉末,熔点 891℃,密度 2.428g/cm³,溶于水,水溶液呈碱性,不溶于乙醇、丙酮和乙醚,易潮解,应密封包装。

图 3.7 碳酸钾

### 3.9.2 化学性质

碳酸钾暴露在空气中能吸收二氧化碳和水分,转变为碳酸氢钾:

$$K_2CO_3 + CO_2 + H_2O(g) \Longrightarrow 2KHCO_3$$

### 3.9.3 制备方法

1. 草木灰法

草木灰法是最古老的方法,即从植物壳(如棉籽壳、茶子壳、桐子壳、葵花子壳)烧成的草木灰中提取碳酸钾。草木灰中含有碳酸钾、硫酸钾、氯化钾等可溶性盐,用沉淀、过滤的方法可加以分离。此法由于产品质量低、不经济,且受原料来源限制而很少被采用。

2. 有机胺法

有机胺法是以二氧化碳和氯化钾为原料,有机胺为中间介质,在一定压力下混合搅拌发生的反应:

$$KCl + NR_3 + CO_2 \rightleftharpoons KHCO_3 + NR_3 \cdot HCl$$

冷却析出碳酸氢钾，煅烧生成碳酸钾[15]。

3. 电解法

将氯化钾电解后得到氢氧化钾溶液，在碳化塔中以二氧化碳碳化[21]。经多效蒸发器蒸发、过滤得碳酸氢钾，再经煅烧制得产品。此法因原料易得、钾利用率高、无三废产生而得到广泛应用，但耗电较多。

4. 离子交换法

离子交换法为我国碳酸钾的最主要生产方法[22-24]。其基本原理如下。
交换反应：

$$KCl + NH_4R \rightleftharpoons KR + NH_4Cl$$

洗脱：

$$KR + NH_4HCO_3 \rightleftharpoons KHCO_3 + NH_4R$$

焙烧：

$$2KHCO_3 \rightleftharpoons K_2CO_3 + CO_2\uparrow + H_2O$$

### 3.9.4 主要用途

碳酸钾主要用于分析试剂，如高纯分析、发射光谱分析等；用于玻璃、印染、肥皂、搪瓷、制备钾盐、合成氨脱羰、彩色电视机，食品中作膨松剂；作气体吸附剂、干粉灭火剂、橡胶防老剂等；用于已曝光的感光材料的冲洗加工；化学实验中作干燥剂、碱性剂；用作面团改良剂，且可抑制面条发酸，可用于面制食品，按生产需要适量使用。

## 3.10 氰化钾(KCN)

### 3.10.1 物理性质

氰化钾(图 3.8)是白色圆球形硬块，粒状或结晶性粉末，剧毒；沸点 1497℃，熔点 563℃，密度 1.857g/cm³；易溶于水，微溶于醇，水溶液呈强碱性，并很快水解。

图 3.8 氰化钾

## 3.10.2 化学性质

(1) 空气中变质：

$$2KCN + CO_2 + H_2O = 2HCN + K_2CO_3$$

(2) 水溶液易变质：

$$KCN + H_2O = HCN\uparrow + KOH$$

此外，氰化钾与酸接触分解能放出剧毒的氰化氢气体，与氯酸盐或亚硝酸钠混合能发生爆炸。

## 3.10.3 主要用途

氰化钾用于电镀工业，在电镀溶液中可使阳极极化作用降低，保证阳极正常溶解，稳定镀液并能提高阴极极化作用，获得均匀的镀层，但价格较贵。用于矿石浮选提取金、银；钢铁的热处理，制造有机腈类；在分析化学中用作试剂；此外，也用于照相、蚀刻、石印等。

# 3.11 高锰酸钾($KMnO_4$)

## 3.11.1 物理性质

高锰酸钾(图 3.9)是紫色、细长的棱形结晶或颗粒，带蓝色的金属光泽，无臭；熔点 240℃，密度 $1.01g/cm^3$；溶于水、碱液，微溶于甲醇、丙酮、硫酸等。

图 3.9 高锰酸钾

### 3.11.2 化学性质

在 $C_2H_5OH$、$H_2O_2$ 中使 $KMnO_4$ 氧化分解。$KMnO_4$ 是最强的氧化剂之一，作为氧化剂受 pH 影响很大，在酸性溶液中氧化能力最强。其相应的高锰酸 $HMnO_4$ 和酸酐 $Mn_2O_7$ 均为强氧化剂，能自动分解发热，和有机物接触引起燃烧。光对其分解有催化作用，故在实验室里常存放在棕色瓶中。

相关化学反应：

$$2KMnO_4 \xrightarrow{\Delta} K_2MnO_4 + MnO_2 + O_2\uparrow$$

$$2KMnO_4 + 16HCl == 2KCl + 2MnCl_2 + 8H_2O + 5Cl_2\uparrow$$

$$2KMnO_4 + 2H_2C_2O_4 == 2H_2O + K_2MnO_4 + MnO_2\downarrow + 4CO_2\uparrow$$

$$5C_2H_5OH + 4KMnO_4 + 6H_2SO_4 == 5CH_3COOH + 4MnSO_4 + 11H_2O + K_2SO_4$$

$$\begin{cases} 2KMnO_4 + 3H_2O_2 == 2KOH + 2MnO_2\downarrow + 3O_2\uparrow + 2H_2O(OH^- 或中性)\\ 2KMnO_4 + 5H_2O_2 + 3H_2SO_4 == K_2SO_4 + 2MnSO_4 + 8H_2O + 5O_2\uparrow(H^+) \end{cases}$$

$$14KMnO_4 + 3C_3H_8O_3 == 7K_2CO_3 + 2CO_2\uparrow + 14MnO_2 + 12H_2O$$

$$\begin{cases} C_2H_2 + 10KMnO_4 + 14KOH == 10K_2MnO_4 + 2K_2CO_3 + 8H_2O(OH^-)\\ 3C_2H_2 + 10KMnO_4 + 2KOH == 6K_2CO_3 + 10MnO_2\downarrow + 4H_2O(中性)\\ C_2H_2 + 2KMnO_4 + 3H_2SO_4 == 2CO_2 + 2MnSO_4 + 4H_2O + K_2SO_4(H^+) \end{cases}$$

$$5H_2S + 2KMnO_4 + 3H_2SO_4 == K_2SO_4 + 2MnSO_4 + 8H_2O + 5S\downarrow$$

$$\begin{cases} C_2H_4 + 12KMnO_4 + 16KOH == 12K_2MnO_4 + 2K_2CO_3 + 10H_2O(OH^-)\\ C_2H_4 + 12KMnO_4 == 2K_2CO_3 + 4MnO_2\downarrow + 2H_2O(中性)\\ 5C_2H_4 + 12KMnO_4 + 18H_2SO_4 == 10CO_2 + 12K_2MnO_4 + 6K_2SO_4 + 28H_2O(H^+) \end{cases}$$

### 3.11.3 制备方法

一般常见的制备方法有以下两种：矿石中取得的二氧化锰和氢氧化钾在空气中或混合硝酸钾(提供氧气)加热，产生锰酸钾，再于碱性溶液中与氧化剂进行电解化得到高锰酸钾。或者也可以通过 $Mn^{2+}$ 和二氧化铅($PbO_2$)或铋酸钠($NaBiO_3$)等强氧化剂的反应产生。此反应也用于检验 $Mn^{2+}$ 的存在，因为高锰酸钾的颜色明显。

工业上制备 $KMnO_4$ 较为简便的方法是用铂作阴极电解氧化 $K_2MnO_4$：首先用 KOH 将含 60% $MnO_2$ 的矿石转化为 $K_2MnO_4$，再电解氧化生成 $KMnO_4$。

氢氧化钾水溶液加二氧化锰和氯酸钾共同煮沸、蒸发，余渣熔为浆状后用水浸渍，再通以氯气、二氧化碳及臭氧，或用电解锰酸盐的碱性溶液也可制得。

焙烧法-电解法：将软锰矿与氢氧化钾混合成浆料，用压缩空气将物料喷入焙烧转炉，在 250~300℃下氧化成锰酸钾。焙烧物用稀碱液或洗涤水浸取，经过滤、除杂质得锰酸钾。

由于固相法传质、传热困难，操作环境差，设备庞大，能耗高，将逐渐被淘汰。锰酸钾电解氧化制取高锰酸钾的过程与液相法相同。作为食品添加剂的高锰酸钾，还需经重结晶以除去重金属和砷等。

液相氧化法-电解法：将软锰矿粉与 200℃以上 80% 的氢氧化钾溶液混合，并在 300℃下，在第一反应器中通空气，使二氧化锰氧化成亚锰酸钾，然后溢流至第二反应器进一步氧化成锰酸钾。反应液经热过滤，用 100℃、60% 的 KOH 溶液洗涤，滤饼溶于稀碱液或洗涤水，经沉淀、分离和除杂后得锰酸钾。

### 3.11.4 主要用途

高锰酸钾在化学品生产中，广泛用作氧化剂，如用作制糖精、维生素 C、异烟肼及安息香酸的氧化剂；在医药中用作防腐剂、消毒剂、除臭剂及解毒剂；在水质净化及废水处理中用作水处理剂，以氧化硫化氢、酚、铁、锰和有机、无机等多种污染物，控制臭味和脱色；还用作漂白剂、吸附剂、着色剂及消毒剂等。

## 3.12 溴化钾(KBr)

### 3.12.1 物理性质

溴化钾(图 3.10)为无色结晶或白色粉末，有强烈咸味，沸点 1380℃，熔点 734℃，密度 $2.75g/cm^3$。

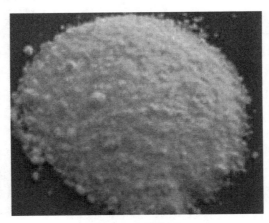

图 3.10　溴化钾

### 3.12.2　化学性质

(1) 生成用于照相术的溴化银：

$$KBr + AgNO_3 = AgBr\downarrow + KNO_3$$

(2) 水溶液中的溴离子可与部分金属卤化物生成配合物，如：

$$2KBr + CuBr_2 = K_2[CuBr_4]$$

### 3.12.3　制备方法

传统制法为铁溴法：先用过量溴单质与铁屑在水中作用生成十六水合八溴三铁($Fe_3Br_8 \cdot 16H_2O$)，再同沸热的碳酸钾溶液作用，滤去四氧化三铁沉淀后浓缩结晶即得：

$$4K_2CO_3 + Fe_3Br_8 = 8KBr + Fe_3O_4\downarrow + 4CO_2\uparrow$$

### 3.12.4　主要用途

溴化钾在感光材料工业中用于制造感光胶片、显影剂、底片加厚剂、调色剂和彩色照片漂白剂等；医药上用作神经镇静剂(三溴片)；此外还用于化学分析试剂，分光和红外线的传递，制作特种肥皂，以及雕刻、石印等方面。

## 3.13　碘化钾(KI)

### 3.13.1　物理性质

碘化钾(图 3.11)是白色立方结晶或粉末，熔点 681℃，沸点 1330℃，密度

$3.123g/cm^3$。

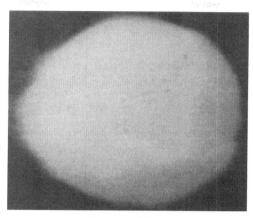

图 3.11　碘化钾

### 3.13.2　化学性质

(1) 碘属于温和的还原剂，因此碘离子可被强氧化剂如氯气等氧化为单质：

$$2KI + Cl_2 = 2KCl + I_2$$

(2) 碘化钾还可将浓硫酸直接还原为硫化氢：

$$8KI + 9H_2SO_4 = (KHSO_4)_8 \cdot 4H_2O + 4I_2 + H_2S$$

(3) KI 和单质碘反应可以形成 $I_3^-$：

$$KI + I_2 = KI_3$$

(4) 碘化钾中的碘离子可与银离子形成深黄色的沉淀碘化银(见光分解，可用于制作高速摄影胶片)，故可用硝酸银来检验碘离子的存在。

$$KI + AgNO_3 = AgI\downarrow + KNO_3$$

(5) KI 在有机合成当中是一种碘源。一种有用的应用是通过芳香重氮盐来制备碘代芳烃。例如：

$$C_6H_5NH_2^+ + KI \xrightarrow{NaNO_3, HCl} C_6H_5NH^+$$

$$C_6H_5NH_2^+ + KI \xrightarrow{NaNO_2, HCl} C_6H_5NN^+$$

$$C_6H_5NN^+ + KI \longrightarrow C_6H_5I$$

(6) 碘化钾与溴反应来制取碘单质和溴化钾：

$$Br_2 + 2KI = 2KBr + I_2$$

(7) 碘化钾作为碘源的一种还可用于亲核取代反应中的催化剂,从而加强氯代烃,溴代烃或者甲磺酸酯作为亲核取代底物的活性。

### 3.13.3 制备方法

(1) 还原法:由碘与氢氧化钾作用生成碘化钾、碘酸钾、水,之后用还原铁粉还原而得。

(2) 铁屑法:将铁屑与碘作用,生成六碘化三铁,然后加入碳酸钾,加热浓缩而得。

(3) 中和法:将氢碘酸与碳酸钾在氢气气流中反应而得。

(4) 硫化物法:由硫酸钾与硫化钡作用,生成硫化钾。再用硫化钾和碘反应,除去硫磺,浓缩,干燥,即得成品。

### 3.13.4 主要用途

碘化钾常用作钢铁酸洗缓蚀剂或者其他缓蚀剂的增效剂;是制备碘化物和染料的原料;用作照相感光乳化剂、食品添加剂;在医药上用作祛痰剂、利尿剂、甲状腺肿防治和甲状腺功能亢进手术前用药物;也用作分析试剂。

## 3.14 硫酸铝钾[$KAl(SO_4)_2 \cdot 12H_2O$]

### 3.14.1 物理性质

硫酸铝钾(图 3.12)俗称明矾,是含有结晶水的硫酸钾和硫酸铝的复盐,无色立方,单斜或六方晶体,有玻璃光泽,密度 1.757g/cm³,熔点 92.5℃,溶于水,不溶于乙醇。硫酸铝钾性味酸涩、寒、有毒。

图 3.12 硫酸铝钾

## 3.14.2 化学性质

硫酸铝钾净水是过去民间经常采用的方法。

硫酸铝钾在水中可以电离出两种金属离子。

$$KAl(SO_4)_2 = K^+ + Al^{3+} + 2SO_4^{2-}$$

$Al^{3+}$ 很容易水解，生成胶状的氢氧化铝：

$$Al^{3+} + 3H_2O = Al(OH)_3(胶体) + 3H^+$$

$$2KAl(SO_4)_2 + 6H_2O \rightleftharpoons K_2SO_4 + 2Al(OH)_3 + 3H_2SO_4$$

氢氧化铝胶体的吸附能力很强，可以吸附水里悬浮的杂质，并形成沉淀，使水澄清。所以，硫酸铝钾是一种较好的净水剂。

## 3.14.3 主要用途

硫酸铝钾可用作中药，还可用于制备铝盐、发酵粉、油漆、鞣料、澄清剂、媒染剂、造纸、防水剂等。

## 参 考 文 献

[1] 许俞韬. 高中焰色反应化学实验的改善方法分析[J]. 科教导刊(下旬), 2017(15): 111-112.
[2] 王潇. 直接电解法制备碱金属钾铷铯的电化学研究[D]. 长沙: 湖南大学, 2012.
[3] 中国科学盐湖研究所. 钾肥工业[M]. 北京: 化学工业出版社, 1979: 4-8.
[4] 布莱恩·奈普. 钠·钾[M]. 高敬, 刘冰, 译. 济南: 山东教育出版社, 2005: 35-42.
[5] 陈正刚. 国内外氢氧化钾生产概况[J]. 中国氯碱, 2003, (7): 5-8.
[6] 华宗伟, 钟宏, 王帅, 等. 硫酸钾的生产工艺研究进展[J]. 无机盐工业, 2015, 47(4): 1-5.
[7] 母伟, 曹娟, 史帮助. 缔置法生产无氯钾肥——硫酸钾[J]. 化肥工业, 1998, 25(1): 16-17.
[8] 张罡, 沈晃宏, 张一甫. 用氯化钾与硫酸铵制取硫酸钾的方法. 中国, 1240195[P]. 2000-01-05.
[9] Lalancette J M, Lemieux D, Dubreuil B. Method and system for the production of potassium sulfate from potassium chloride. US, 8409542[P]. 2013-04-02.
[10] 章明美. 硫酸亚铁制取硫酸钾工艺条件的研究[J]. 应用化工, 2004, 33(3): 60-62.
[11] Khlissa F, M'nif A, Rokbani R. Application of the conductimetry to the study of the transformation of KCl and Na2SO4 into K2SO4 between 5 and 30[J]. Chemical Engineering and Processing: Process Intensification, 2004, 43(7): 929-934.
[12] Abu-Eishah S I, Bani-Kananeh A A, Allawzi M A. K2SO4 production via the double decomposition reaction of KCL and phosphogypsum[J]. Chemical Engineering Journal, 2000, 76(3): 197-207.
[13] Aagli A, Tamer N, Atbir A et al. Conversion of phosphogypsum to potassium sulfate[J]. Journal of Thermal Analysis and Calorimetry, 2005, 82(2): 395-399.

[14] 蔡建利, 李蓉. 硝酸钾的生产、市场及发展前景[J]. 中氮肥, 1999, (6): 3-10.
[15] 罗建军, 肖斌, 康仕芳. 氯化钾转化生产工艺研究[J]. 海湖盐与化工, 2001, 30(6): 1-8.
[16] 向建敏, 贺小平, 杨艺虹. 循环法生产硝酸钾的工艺研究[J]. 无机盐工业, 1995, 27(3): 7-12.
[17] 沈晃宏, 谭淑珍, 张罡. 万吨级硝酸钾生产装置[J]. 海湖盐与化工, 2000, 29(5): 20-23.
[18] 李刚, 张廷福. 我国硝酸钾技术进展[J]. 无机盐工业, 1999, 31 (2): 21-23.
[19] 李藻初. 高纯硝酸钾制备的研究[J]. 无机盐工业, 1993, 25(4): 14-19.
[20] 陈靖宇. 硝酸钾生产技术及其发展前景(上)[J]. 化肥工业, 1998, 25(6): 15-20.
[21] Ｍ Ｅ 波任. 无机盐工艺学(上)[M]. 天津化工研究院, 译. 北京: 化学工业出版社. 1982.
[22] 侯秋实, 王洪记. 离子交换法生产碳酸钾工艺的技改与革新[J]. 无机盐工业, 1997, 29(1): 34-36.
[23] 邓建成, 刘英武, 钟超凡, 等. 离子交换法制备碳酸钾的研究[J]. 湘潭大学自然科学学报, 1997, (2): 46-48, 61.
[24] 王典池, 吴本泰, 胡先知, 等. 沸石离子交换法制碳酸钾[J]. 无机盐工业, 1998, (1): 19.

# 第4章 镁及其盐

在自然界中，镁的分布十分广泛，是地壳中含量较高的元素之一。镁大部分以化合物的形式存在，在1500种镁矿中，就有200多种镁以化合物的形式存在。现阶段，我国大部分以白云石、菱镁矿、水镁石、光卤石和滑石等矿物为主要利用的镁资源[1]。但是，镁还有大部分以镁离子的形式存在于海水苦卤、盐湖卤水及地下卤水中。

## 4.1 镁(Mg)

### 4.1.1 物理性质

镁是银白色有金属光泽的粉末，有较强的韧性、延展性，以及良好的导电、导热性；硬度小(比铝小)、密度小(比铝小)；熔点为648℃，沸点为1107℃，密度为1.74g/cm³；不溶于水、碱液，溶于酸。

### 4.1.2 化学性质

镁具有比较强的还原性，能与沸水反应放出氢气，燃烧时能产生眩目的白光，镁与氟化物、氢氟酸和铬酸不发生作用，也不受苛性碱侵蚀，但极易溶解于有机和无机酸中，镁能直接与氮、硫和卤素等化合，包括烃、醛、醇、酚、胺、脂和大多数油类在内的有机化学药品与镁仅仅轻微地或者根本不起作用。但和卤代烃在无水的条件下反应却较为剧烈(生成格氏试剂)。镁能和二氧化碳发生燃烧反应，因此镁燃烧不能用二氧化碳灭火器灭火。镁由于能和 $N_2$ 和 $O_2$ 反应，所以镁在空气可剧烈燃烧并发出耀眼白光，放热，生成白色固体。镁在食醋中的变化为快速冒出气泡，浮在醋液面上，逐渐消失。一些烟花和照明弹里都含有镁粉，就是利用了镁在空气中燃烧能发出耀眼的白光的性质。镁元素在化学反应中的化合价通常为+2价。

(1) 镁与非金属单质的反应：

$$2Mg + O_2 =\!=\!= 2MgO \downarrow$$

$$3Mg + N_2 \xrightarrow{\text{点燃}} Mg_3N_2 \downarrow$$

$$Mg + Cl_2 \xrightarrow{\text{点燃}} MgCl_2$$

(2) 镁与水的反应：

$$Mg + 2H_2O \xrightarrow{\triangle} Mg(OH)_2 \downarrow + H_2 \uparrow$$

(3) 与酸的反应：

$$Mg + 2H^+ = Mg^{2+} + H_2 \uparrow$$

镁和盐酸反应：

$$Mg + 2HCl = MgCl_2 + H_2 \uparrow$$

镁和醋酸反应：

$$Mg + 2CH_3COOH = (CH_3COO)_2Mg + H_2 \uparrow$$

镁和稀硫酸反应：

$$Mg + H_2SO_4 = MgSO_4 + H_2 \uparrow$$

镁和浓硫酸反应：

$$Mg + 2H_2SO_4 = MgSO_4 + SO_2 \uparrow + 2H_2O$$

镁和浓硝酸反应：

$$Mg + 4HNO_3 = Mg(NO_3)_2 + 2NO_2 \uparrow + 2H_2O$$

$$Mg + 4H^+ + 2NO_3^- = Mg^{2+} + 2NO_2 \uparrow + 2H_2O$$

镁和稀硝酸反应：

$$3Mg + 8HNO_3 = 3Mg(NO_3)_2 + 2NO \uparrow + 4H_2O$$

$$3Mg + 8H^+ + 2NO_3^- = 3Mg^{2+} + 2NO \uparrow + 4H_2O$$

(4) 镁与氧化物的反应：

$$2Mg + CO_2 \xrightarrow{\text{点燃}} 2MgO + C$$

$3Mg + Fe_2O_3 \xrightarrow{\triangle} 3MgO + 2Fe$（类似于铝热反应，用活泼金属还原氧化物）

(5) 镁与氯化铵反应：

镁与氯化铵的反应，究其本质，还是镁与酸的反应。氯化铵溶液中铵根离子水解，溶液显酸性。当加入镁粉之后，镁与溶液中的氢离子反应，放出氢气，同时放出大量的热。铵根离子的水解产物为氨水，受热之后则发生分解。故此反应可以得到两种气体。

总反应方程式：

$$Mg + 2NH_4Cl =\!=\!= MgCl_2 + 2NH_3\uparrow + H_2\uparrow$$

上式实际可拆分为下列反应方程式：

$$NH_4^+ + H_2O =\!=\!= NH_3 \cdot H_2O + H^+$$

$$Mg + 2H^+ =\!=\!= Mg^{2+} + H_2\uparrow$$

$$NH_3 \cdot H_2O =\!=\!= NH_3\uparrow + H_2O$$

(6) 镁与碱金属氢氧化物反应：

通常认为，镁不会和碱金属的氢氧化物(如 KOH)反应，因为镁是碱性金属，而不是两性金属。但是，在高温下，镁可以参与氧化还原反应，如和 NaOH 反应，产生 MgO 、Na 和 $H_2$。

$$2Mg + 2NaOH \xrightarrow{\text{高温}} 2MgO + 2Na + H_2\uparrow$$

(7) 镁与盐的反应：

将少量的镁投入氯化铁溶液中：

$$Mg + 2FeCl_3 =\!=\!= 2FeCl_2 + MgCl_2$$

$$Mg + 2Fe^{3+} =\!=\!= 2Fe^{2+} + Mg^{2+}$$

将过量的镁投入氯化铁溶液中：

$$3Mg + 2FeCl_3 =\!=\!= 2Fe + 3MgCl_2$$

$$3Mg + 2Fe^{3+} =\!=\!= 2Fe + 3Mg^{2+}$$

镁和硫酸铜溶液反应：

$$Mg + CuSO_4 =\!=\!= Cu + MgSO_4$$

$$Mg + Cu^{2+} =\!=\!= Cu + Mg^{2+}$$

### 4.1.3 制备方法

盐湖镁资源的开发利用途径较多，其中最有效的是开发利用途径生产金属镁、无水氯化镁、氢氧化镁、氧化镁和镁砂等。目前世界上制备炼镁的方法主要有热还原法和电解法[2]。

## 1. 热还原法

热还原法分为液态法、固态法和半固态法，按照加热方法又可分为内热法和外热法，根据热还原法常用还原剂的不同分类，还可分为碳热法、碳化钙法、硅热法等。

工业上利用电解熔融氯化镁或在电炉中用硅铁等使其还原而制得金属镁，前者称为熔盐电解法，后者称为硅热还原法。

熔融电解：

$$MgCl_2(l) == Mg(s) + Cl_2(g)\uparrow$$

硅热还原：

$$CaCO_3(s) \xrightarrow{高温} CaO(s) + CO_2(g)\uparrow$$

$$CaO(s) + H_2O(l) \xrightarrow{高温} Ca(OH)_2(s)$$

$$Ca(OH)_2(aq) + MgCl_2(aq) == Mg(OH)_2(s)\downarrow + CaCl_2(aq)$$

$$Mg(OH)_2(s) + 2HCl(l) + 6H_2O(l) == MgCl_2 \cdot 6H_2O(s) + 2H_2O(l)$$

$$MgCl_2 \cdot 6H_2O(aq) == MgCl_2(s) + 6H_2O(l)$$

## 2. 海水提取

氯化镁可以从海水中提取，每立方英里[①]海水含有约 120 亿磅[②]镁。

$$MgCl_2 \cdot 6H_2O(s) == MgCl_2(s) + 6H_2O(l)$$

$$MgCl_2(l) \xrightarrow{电解} Mg(s) + Cl_2(g)\uparrow$$

# 4.2 氧化镁(MgO)

### 4.2.1 物理性质

氧化镁(图 4.1)俗称苦土，也称镁氧，白色粉末(淡黄色为氮化镁)，无臭、无味、无毒，是典型的碱土金属氧化物；熔点为 2852℃，沸点为 3600℃，密度为 3.58g/cm³(25℃)；溶于酸和铵盐溶液，不溶于酒精，在水中溶解度为 0.00062g；溶于酸和铵盐难溶于水，其溶液呈碱性，不溶于乙醇；在可见和近紫外光范围内有强折射性。

---

① 1 立方英里=4.1682 立方千米

② 1 磅 = 0.4536 千克

图 4.1 氧化镁

氧化镁暴露在空气中,容易吸收水分和二氧化碳而逐渐成为碱式碳酸镁,轻质品较重质品更快,与水结合在一定条件下生成氢氧化镁,呈微碱性反应,饱和水溶液的 pH 为 10.3。菱镁矿($MgCO_3$)、白云石($MgCO_3 \cdot CaCO_3$)和海水是生产氧化镁的主要原料。热分解菱镁矿或白云石得氧化镁。用消石灰处理海水得氢氧化镁沉淀,灼烧氢氧化镁得氧化镁,也可用海水综合利用中得到的氯化镁卤块或提溴后的卤水为原料,加氢氧化钠或碳酸钠等生成氢氧化镁或碱式碳酸镁沉淀,再灼烧得氧化镁。中国主要采用以菱镁矿、白云石、卤水或卤块为原料[3]。

### 4.2.2 化学性质

(1) 氧化镁与盐酸反应:

$$MgO + 2HCl = MgCl_2 + H_2O$$

$$MgO + 2H^+ = Mg^{2+} + H_2O$$

(2) 氧化镁与乙酸反应:

$$MgO + 2CH_3COOH = (CH_3COO)_2Mg + H_2O$$

$$MgO + 2CH_3COOH = Mg^{2+} + 2CH_3COO^- + H_2O$$

(3) 氧化镁溶于氯化铵溶液中:

$$MgO + 2NH_4Cl = MgCl_2 + 2NH_3\uparrow + H_2O$$

$$MgO + 2NH_4^+ = Mg^{2+} + 2NH_3\uparrow + H_2O$$

(4) 氧化镁投入氯化铁溶液中:

$$3MgO + 2FeCl_3 + 3H_2O = 3MgCl_2 + 2Fe(OH)_3$$

$$3MgO + 2Fe^{3+} + 3H_2O = 3Mg^{2+} + 2Fe(OH)_3$$

### 4.2.3 制备方法

**1. 活性氧化镁的制备方法**

按照原料来源来分,活性氧化镁的生产方法主要分为固体矿法和液体矿法,其中固体矿法包括:直接煅烧法(菱镁矿、水菱镁矿、水镁石)、碳化法(菱镁矿和白云石)、菱镁矿氨法等;液体矿法包括:卤水碳铵法、卤水氨法、卤水碱法等。此外,还有直接热解法、微波辐射法、气相法、溶胶凝胶法等。

1) 直接煅烧法

直接煅烧法是以富镁矿物(菱镁矿、水菱镁矿、水镁石等)为原料,在 600~700℃下一步煅烧得到活性氧化镁[4-6]。

菱镁矿:
$$MgCO_3 = MgO + CO_2 \uparrow$$

水菱镁矿:
$$MgCO_3 \cdot Mg(OH)_2 \cdot xH_2O \longrightarrow MgO + H_2O + CO_2 \uparrow$$

水镁石:
$$Mg(OH)_2 \cdot xH_2O \longrightarrow MgO + H_2O$$

2) 碳化法

碳化法只要分为菱镁矿碳化法和白云石碳化法[7,8],其主要化学反应方程式如下。

菱镁矿:
$$MgO + H_2O \longrightarrow Mg(OH)_2$$
$$Mg(OH)_2 + CO_2 \longrightarrow Mg(HCO_3)_2$$
$$Mg(HCO_3)_2 + H_2O \longrightarrow MgCO_3 \cdot 3H_2O + CO_2$$
$$MgCO_3 \cdot 3H_2O = MgO + CO_2 \uparrow + H_2O$$

白云石:
$$CaMg(CO_3)_2 \longrightarrow MgO + CaO + CO_2 \uparrow$$
$$MgO + CaO + H_2O \longrightarrow Ca(OH)_2 + Mg(OH)_2$$

$$Mg(OH)_2 + CO_2 \longrightarrow Mg(HCO_3)_2$$

$$Ca(OH)_2 + CO_2 \longrightarrow CaCO_3 + H_2O$$

$$MgCO_3 \cdot 3H_2O + H_2O \longrightarrow 4MgCO_3 \cdot Mg(OH)_2 \cdot 4H_2O$$

$$4MgCO_3 \cdot Mg(OH)_2 \cdot 4H_2O \longrightarrow MgO + CO_2\uparrow + H_2O$$

3) 沉淀煅烧法

沉淀煅烧法是向富镁溶液(盐湖卤水、水氯镁石等)中加入沉淀剂，将镁以沉淀的形式从溶液中分离出来，在通过煅烧得 $\alpha$-MgO 到。沉淀煅烧法可以分为直接煅烧法和均匀沉淀煅烧法。

4) 溶胶凝胶法

溶胶凝胶法利用镁金属醇盐(乙醇镁、醋酸镁等)或者无机镁盐(硝酸镁、碳酸镁等)为原料，通过加入凝胶剂来实现溶胶凝过程。溶胶凝胶法主要包括水解、缩聚、干燥、煅烧这四个步骤，制备出的氧化镁产品一般为纳米尺寸，纯度高，活性高。

5) 直接热解法

直接热解法主要用于以卤水或水氯镁石为原料生产 $\alpha$-MgO，直接热解法又包括喷雾热解法和沸腾炉热解法。

喷雾热解法就是通过压缩空气将精制的氯化镁溶液分散成极小的液滴，在 800~1000℃下热解生成 $\alpha$-MgO 和 HCl[9]。此法操作简单，但热解产生的高温 HCl 气体对设备腐蚀严重，国内企业一般不采用该法。沸腾炉热解法又称流化床热解法，是利用流动的空气带动原料在沸腾炉中进行动态化脱水、热解和焙烧[10]。此法原料分解率高，产品纯度高，但是会产生较高温度的 HCl 气体。

6) 微波辐射法

微波辐射法是利用微波加热技术将 $4MgCO_3 \cdot Mg(OH)_2 \cdot 4H_2O$ 和 $Mg(OH)_2$ 热解得到 $\alpha$-MgO，通过原料与微波电磁场的相互耦合，将微波能转化成热能，从而使原料温度迅速上升。微波加热技术不同于普通加热技术的地方在于微波加热时物质的温度是从内部传递到外部，为内加热，而普通加热技术都是外加热。

7) 气相法

气相法是生产高品质氧化镁的经典方法，通常是指气-气或者气-固两相之间的反应，主要以金属镁和高纯氧气为原料，反应产物品质主要受气相原料纯度的影响，分为物理气相沉积和化学气相沉积反应。

2. 高纯氧化镁的制备方法

1) 菱镁矿二次煅烧法

菱镁矿二次煅烧法是先将菱镁矿粉碎成小颗粒粉末，经 700~800℃高温煅烧成粗制氧化镁,再利用氯化铵浸出对粗氧化镁进行深度除杂,再用氨水将镁离子转化成 $Mg(OH)_2$ 沉淀以实现固液分离,最后在 500~600℃下二次煅烧得到高纯氧化镁。

2) 白云石消化碳化法

白云石消化碳化法是制备氧化镁(轻烧氧化镁、活性氧化镁、高纯氧化镁)的经典方法。其主要包括煅烧、消化、碳化、热解、烘干这五个步骤。原料白云石的粒径、消化时间和温度,以及碳化温度和时间是影响产品纯度的重要因素。

3) 喷雾热分解法

喷雾热分解法是以卤水或者水氯镁石为原料,利用高温高压空气直接将氯化镁溶液热解得到粗氧化镁,再经水洗除去水溶性杂质,最后煅烧得到高纯氧化镁。

4) 卤水碳铵沉淀法

卤水碳铵沉淀法是用碳酸铵或者碳酸氢铵作为沉淀剂将卤水中镁离子形成 $MgCO_3 \cdot 3H_2O$ 沉淀从卤水分离出来,最后在 700~800℃下煅烧得到高纯氧化镁。

### 4.2.4 主要用途

氧化镁国内年产量在 1200 万 t 左右。

轻质氧化镁主要用作制备陶瓷、搪瓷、耐火坩埚和耐火砖的原料,也用作磨光剂、黏合剂、涂料、纸张的填料,以及氯丁橡胶和氟橡胶的促进剂和活化剂。氧化镁在医药上用作抗酸剂和轻泻剂,用于胃酸过多和十二指肠溃疡;在化学工业中用作催化剂和制造镁盐的原料,也用于玻璃、染料、酚醛塑料等的制造;在重质氧化镁碾米工业中用于烧制粉磨和半滚筒;在建筑工业中用于制造人造化学地板、人造大理石防热板、隔音板;塑料工业用作填充料;还可用于生产其他镁盐。

氧化镁的主要用途之一是作为阻燃剂的。传统阻燃材料广泛采用含卤聚合物或含卤阻燃剂组合而成。但是,一旦发生火灾,由于热分解和燃烧,传统阻燃材料会产生大量的烟雾和有毒的腐蚀性气体,从而妨碍救火和人员疏散、腐蚀仪器和设备。火灾中的死亡事故有 80%以上是材料产生的浓烟和有毒气体造成的,因而除了阻燃效率外,低烟低毒也是阻燃剂必不可少的指标。中国阻燃剂工业发展极不平衡,氯系阻燃剂所占比例较大,为各阻燃剂之首,其中氯化石蜡占垄断地位。但氯系阻燃剂作用时释放出有毒气体,这与现代生活所追求的无毒、高效存在很大距离。因此,为了顺应世界阻燃剂低烟雾、低毒性和无公害的发展趋势,氧化镁阻燃剂的开发、生产和应用势在必行。

## 4.3 氢氧化镁[Mg(OH)$_2$]

### 4.3.1 物理性质

氢氧化镁(图 4.2)为白色晶体或粉末,别名苛性镁石,轻烧镁砂等。氢氧化镁在水中的悬浊液称为氢氧化镁乳剂,简称镁乳。氢氧化镁熔点为 350℃,沸点为 100℃,密度为 2.36g/cm$^3$,难溶于水和醇,溶于稀酸和铵盐溶液,水溶液呈弱碱性。其在水中的溶解度很小,但溶于水的部分完全电离。饱和水溶液的浓度为 1.9mg/L(18℃),加热到 350℃失去水生成氧化镁。氢氧化镁的天然矿物为水镁石。

图 4.2  氢氧化镁

### 4.3.2 化学性质

氢氧化镁为中强碱(氢氧化镁溶解度很小,溶液碱性很弱,有时作为弱碱处理),加热至 623K(350℃)即脱水分解:

$$Mg(OH)_2 =\!=\!= MgO + H_2O$$

氢氧化镁易溶于酸或铵盐溶液,与氧化镁一样易吸收空气中的二氧化碳,逐渐形成组成为 5MgO·4CO$_2$·$X$H$_2$O 的碱式碳酸盐。传统阻燃材料在高于 350℃时分解为氧化镁和水,但只有在 1800℃以上才能完全脱水。

(1) 氢氧化镁和盐酸反应:

$$Mg(OH)_2 + 2HCl =\!=\!= MgCl_2 + 2H_2O$$

$$Mg(OH)_2 + 2H^+ =\!=\!= Mg^{2+} + 2H_2O$$

(2) 氢氧化镁和乙酸反应：

$$Mg(OH)_2 + 2CH_3COOH = (CH_3COO)_2Mg + 2H_2O$$

$$Mg(OH)_2 + 2CH_3COOH = 2CH_3COO^- + Mg^{2+} + 2H_2O$$

(3) 氢氧化镁溶于氯化铵溶液中：

$$Mg(OH)_2 + 2NH_4Cl = MgCl_2 + 2NH_3\uparrow + 2H_2O$$

$$Mg(OH)_2 + 2NH_4^+ = Mg^{2+} + 2NH_3\uparrow + 2H_2O$$

(4) 氢氧化镁投入氯化铁溶液中：

$$3Mg(OH)_2 + 2FeCl_3 = 3MgCl_2 + 2Fe(OH)_3$$

$$3Mg(OH)_2 + 2Fe^{3+} = 3Mg^{2+} + 2Fe(OH)_3$$

(5) 氢氧化镁受热分解：

$$Mg(OH)_2 \xrightarrow{\triangle} MgO + H_2O$$

### 4.3.3　制备方法[11]

**1. 钙法**

钙法即石灰中和法，是以镁源和石灰乳为原料，在一定温度和浓度下进行反应，经过水热处理、表面处理、洗涤、过滤、干燥、粉碎等程序后，即得到氢氧化镁[12]。

$$Mg^{2+} + Ca(OH)_2 = Ca^{2+} + Mg(OH)_2\downarrow$$

**2. 碱法**

碱法即氢氧化钠法，采用氢氧化钠为沉淀剂从浓海水、卤水中制备氢氧化镁，经水热处理、表面处理、干燥、粉碎等工艺，即得到氢氧化镁。

$$Mg^{2+} + 2NaOH = Na^+ + Mg(OH)_2\downarrow$$

**3. 氨法**

氨法又分为氨水合成法和氨气合成法。氨水合成法以镁源为原料，在一定温度下进行合成反应，再经水热处理、固液分离、表面处理、干燥、粉碎等工艺，即得到氢氧化镁。

$$Mg^{2+} + 2NH_3\cdot H_2O = Mg(OH)_2\downarrow + 2NH_4^+$$

氨气合成法是将氨气直接通入含有 $Mg^{2+}$ 溶液中制备氢氧化镁。

4. 水合法

水合法是将氧化镁加入水溶液中得到氢氧化镁的过程。氧化镁水合反应是化学反应控速的固液异相反应，属于缩合反应。

$$MgO(s) + H_2O(l) \longrightarrow MgOH^+(surface) + OH^-(aq)$$

$$MgOH^+(surface) + OH^-(aq) \longrightarrow MgOH^+ \cdot OH^-(surface)$$

$$MgOH^+(surface) + OH^-(aq) \longrightarrow MgOH^+ \cdot OH^-(surface)$$

$$MgOH^+ \cdot OH^-(surface) \longrightarrow Mg^{2+}(aq) + 2OH^-(aq)$$

当离子浓度达到溶液过饱和度时会生成氢氧化镁沉淀，即

$$Mg^{2+}(aq) + 2OH^-(aq) \longrightarrow Mg(OH)_2(s)\downarrow$$

### 4.3.4 主要用途

氢氧化镁是塑料、橡胶制品优良的阻燃剂。在环保方面作为烟道气脱硫剂，可代替烧碱和石灰作为含酸废水的中和剂，也用作油品添加剂，起到防腐和脱硫作用。另外，还可用于电子行业、医药、砂糖的精制，作保温材料以及制造其他镁盐产品。

## 4.4 氯化镁($MgCl_2$)

氯化镁，化学式 $MgCl_2$。该物质可以形成六水氯化镁($MgCl_2 \cdot 6H_2O$)，包含了六个结晶水。工业上往往对无水氯化镁称为卤粉，而对于六水氯化镁往往称为卤片、卤粒、卤块等。无论是无水氯化镁还是六水氯化镁，它们都有一个通性：易吸潮，易溶于水。因此，在储藏的时候要存放在干燥阴凉的地方。

### 4.4.1 物理性质

氯化镁为无色单斜结晶，工业品通常呈黄褐色，有苦咸味。熔点为 714℃，沸点为 1412℃。溶于水和醇。容易吸湿，溶于水 100℃时失去 2 分子结晶水。常温下其水溶液呈中性。在 110℃开始失去部分氯化氢而分解，强热转为氧氯化物，当急速加热时约 118℃分解。

图 4.3 氯化镁

### 4.4.2 化学性质

(1) 氯化镁溶液与硝酸银溶液反应：

$$MgCl_2 + 2AgNO_3 =\!=\!= 2AgCl\downarrow + Mg(NO_3)_2$$

$$Cl^- + Ag^+ =\!=\!= AgCl\downarrow$$

(2) 氯化镁溶液中加入氢氧化钠溶液：

$$MgCl_2 + 2NaOH =\!=\!= Mg(OH)_2\downarrow + 2NaCl$$

$$Mg^{2+} + 2OH^- =\!=\!= Mg(OH)_2\downarrow + 2NaCl$$

(3) 氯化镁溶液加入氨水：

$$MgCl + 2NH_3 \cdot H_2O =\!=\!= Mg(OH)_2\downarrow + 2NH_4Cl$$

$$Mg^{2+} + 2NH_3 \cdot H_2O =\!=\!= Mg(OH)_2\downarrow + 2NH_4^+$$

(4) 氯化镁溶液中加入偏铝酸钠溶液：

$$MgCl_2 + 2NaAlO_2 + 4H_2O =\!=\!= Mg(OH)_2\downarrow + 2Al(OH)_3\downarrow + 2NaCl$$

$$Mg^{2+} + 2AlO_2^- + 4H_2O =\!=\!= Mg(OH)_2\downarrow + 2Al(OH)_3\downarrow$$

(5) 电解氯化镁的熔融液：

$$MgCl_2 \xrightarrow{\text{电解}} Mg + Cl_2\uparrow$$

(6) 电解氯化镁的溶液：

$$MgCl_2 + 2H_2O \xrightarrow{\text{电解}} Mg(OH)_2\downarrow + H_2\uparrow + Cl_2\uparrow$$

$$Mg^{2+} + 2Cl^- + 2H_2O \xrightarrow{\text{电解}} Mg(OH)_2\downarrow + H_2\uparrow + Cl_2\uparrow$$

(7) 水和氯化镁加热时生成氯化氢和碱式氯化镁。

$$MgCl_2 + 2H_2O \xrightarrow{\triangle} Mg(OH)Cl + HCl\uparrow$$

### 4.4.3 制备方法

(1) 由海水制盐时的副产物卤水，经浓缩成光卤石($KCl \cdot MgCl_2 \cdot 6H_2O$)溶液，冷却后除去氯化钾，再浓缩、过滤、冷却、结晶而得。氧化镁或碳酸镁用盐酸溶解、取代而得。无水氯化镁由氯化镁铵加热脱氨而得。

(2) 无水氯化镁可由氯化铵和六水合氯化镁的混合物，或由氯化铵、六水合氯化镁的复盐在氯化氢气流中脱水而制成。将等物质的量的 $MgCl_2 \cdot 6H_2O$ 和 $NH_4Cl$ 溶于水，在温度稍高于 50℃ 的水溶液中以复盐形式结晶出来，保持原来温度与母液分开，再进行一次重结晶。

将复盐($NH_4Cl \cdot MgCl_2 \cdot 6H_2O$)稍加干燥趁热装入石英舟中，将舟放在石英管中进行脱水操作，通入干燥的氯化氢气体，同时升温至 100℃ 脱水 3h，再升温至 250℃ 1h，然后再升温至 400℃ 1h，最后在短时间内熔融，并通 $CO_2$ 气体以驱逐 HCl 气体，得到的无水氯化镁可保存在五氧化二磷的保干器中。也可将复盐 ($NH_4Cl \cdot MgCl_2 \cdot 6H_2O$)放在真空炉内，在减压下加热至 200℃ 脱水，这样氯化氢气体的用量可以减少。海水制盐时的副产物卤水，经浓缩成光卤石($KCl \cdot MgCl_2 \cdot 5H_2O$)溶液，冷却后除去氯化钾，再浓缩、过滤、冷却、结晶。氧化镁或碳酸镁用盐酸溶解、取代而得。无水氯化镁由氯化镁铵加热脱氨而得[3]。

### 4.4.4 主要用途

(1) 氯化镁可用于制作固化剂、营养强化剂、呈味剂(与硫酸镁、食盐、磷酸氢钙、硫酸钙等合用)、日本清酒等的助酵剂、除水剂(用于鱼糕，用量 0.05%～0.1%)；组织改进剂(与聚磷酸盐类合用，作为鱼糜制品的弹性增强剂)，因氯化镁苦味较强，常用量小于 0.1%。

(2) 氯化镁还可用于小麦粉处理剂、面团质量改进剂、氧化剂、鱼肉罐头改质剂、麦芽糖化处理剂。

## 4.5 碳酸镁($MgCO_3$)

### 4.5.1 物理性质

碳酸镁(图 4.4)是一种白色单斜结晶或无定形粉末，无毒、无味。相对密度 2.16。分子量是 84。微溶于水，水溶液呈弱碱性，在水中的溶解度为 0.02%(15℃)。

图 4.4 碳酸镁

### 4.5.2 化学性质

(1) 碳酸镁与盐酸反应：

$$MgCO_3 + 2HCl = MgCl_2 + CO_2\uparrow + H_2O$$

$$MgCO_3 + 2H^+ = Mg^{2+} + CO_2\uparrow + H_2O$$

(2) 碳酸镁与乙酸溶液反应：

$$MgCO_3 + 2CH_3COOH = (CH_3COO)_2Mg + CO_2\uparrow + H_2O$$

$$MgCO_3 + 2CH_3COOH = 2CH_3COO^- + Mg^{2+} + CO_2\uparrow + H_2O$$

(3) 碳酸镁悬浊液通入二氧化碳气体：

$$MgCO_3 + CO_2\uparrow + H_2O = Mg(HCO_3)_2$$

$$MgCO_3 + CO_2\uparrow + H_2O = Mg^{2+} + 2HCO_3^-$$

(4) 碳酸镁加入氯化铁溶液中：

$$3MgCO_3 + 2FeCl_3 + 3H_2O = 3MgCl_2 + 2Fe(OH)_3\downarrow + 3CO_2\uparrow$$

$$3MgCO_3 + 2Fe^{3+} + 3H_2O = 3Mg^{2+} + 2Fe(OH)_3\downarrow + 3CO_2\uparrow$$

(5) 碳酸镁加入氯化铵溶液中：

$$MgCO_3 + 2NH_4Cl = MgCl_2 + 2NH_3\uparrow + 3CO_2\uparrow$$

$$MgCO_3 + 2NH_4^+ = Mg^{2+} + 2NH_3\uparrow + 3CO_2\uparrow$$

(6) 碳酸镁高温煅烧：

$$MgCO_3 \xrightarrow{\text{高温}} MgO + CO_2\uparrow$$

### 4.5.3 主要用途

碳酸镁可用于医药中间体、解酸剂、干燥剂、护色剂、载体、抗结块剂；在食品中作添加剂、镁元素补偿剂、面粉改良剂、面包膨松剂；在精细化工中用于生产化学试剂；在橡胶中作补强剂、填充剂；可作绝热、耐高温的防火保温材料；电线电缆制造过程中重要的化学原料；也可用于制造高级玻璃制品；用于搪瓷陶瓷起表面光亮作用；用于镁盐、氧化镁、颜料、油漆、日用化妆品、造船、锅炉、防火涂料、油墨、玻璃、牙膏、橡胶填料等的制造；还可供运动员比赛擦手用。

## 4.6 碳酸氢镁[$Mg(HCO_3)_2$]

### 4.6.1 物理性质

碳酸氢镁可溶于水，在100℃以下分解。

### 4.6.2 化学性质

(1) 碳酸氢镁与盐酸反应：

$$Mg(HCO_3)_2 + 2HCl = MgCl_2 + 2CO_2\uparrow + 2H_2O$$

$$HCO_3^- + H^+ = CO_2\uparrow + H_2O$$

(2) 碳酸氢镁与少量的氢氧化钠溶液反应：

$$Mg(HCO_3)_2 + 2NaOH = Mg(OH)_2\downarrow + NaHCO_3$$

$$Mg^{2+} + OH^- = Mg(OH)_2\downarrow$$

(3) 碳酸氢镁与过量的氢氧化钠溶液反应：

$$Mg(HCO_3)_2 + 4NaOH = Mg(OH)_2\downarrow + 2Na_2CO_3 + 2H_2O$$

$$Mg^{2+} + 2HCO_3^- + 4OH^- = Mg(OH)_2\downarrow + 2CO_3^{2-} + 2H_2O$$

(4) 碳酸氢镁与澄清石灰水反应：

$$Mg(HCO_3)_2 + 2Ca(OH)_2 = Mg(OH)_2\downarrow + CaCO_3\downarrow + 2H_2O$$

$$Mg^{2+} + 2HCO_3^- + 2Ca^{2+} + 4OH^- = Mg(OH)_2\downarrow + 2CaCO_3\downarrow + 2H_2O$$

(5) 碳酸氢镁受热分解：

$$Mg(HCO_3)_2 \xrightarrow{\triangle} MgCO_3\downarrow + CO_2\uparrow + H_2O$$

## 4.7 硝酸镁[$Mg(NO_3)_2$]

### 4.7.1 物理性质

硝酸镁(图 4.5)是一种化学物质，外观为无色透明晶体，有吸湿性。330℃分解，易溶于水，溶于乙醇和氨水，溶于 0.8 份水，水溶液呈中性，相对密度 1.464，熔点约 95℃。

图 4.5　硝酸镁

### 4.7.2　主要用途

硝酸镁可用于分析试剂、镁盐制备，还可用作催化剂、烟火、强氧化剂。

## 4.8　硫酸镁($MgSO_4$)

### 4.8.1　物理性质

硫酸镁(图 4.6)别称泻盐、硫苦、苦盐、泻利盐，是白色结晶状固体，熔点为 1124℃，密度为 2.66g/cm$^3$，易溶于水，微溶于乙醇和甘油、乙醚，不溶于丙酮。150℃时硫酸镁失去 6 个结晶水，生成硫酸镁石；200℃时失去 7 个结晶水。

图 4.6　硫酸镁

### 4.8.2　化学性质

$$Mg + H_2SO_4 = H_2\uparrow + MgSO_4$$

$$MgO + H_2SO_4 \rightleftharpoons H_2O + MgSO_4$$

$$Mg(OH)_2 + H_2SO_4 \rightleftharpoons 2H_2O + MgSO_4$$

$$MgCO_3 + H_2SO_4 \rightleftharpoons CO_2\uparrow + H_2O + MgSO_4$$

$$2MgSO_3 + O_2 \rightleftharpoons 2MgSO_4$$

$$Mg + FeSO_4 \rightleftharpoons Fe + MgSO_4$$

$$Mg + CuSO_4 \rightleftharpoons Cu + MgSO_4$$

### 4.8.3 制备方法

以氧化镁、氢氧化镁、碳酸镁、菱苦土等为原料加硫酸分解或中和而得硫酸镁；也可以生产氯化钾副产为原料，与制溴后含镁母液按比例混合，冷却结晶分离得粗硫酸镁，再加热、过滤、除杂、冷却结晶得工业硫酸镁；还可用苦卤加热浓缩、结晶分离而得或氧化镁及石膏水悬浮液碳化制得。

### 4.8.4 主要用途

硫酸镁可用作制革、炸药、造纸、瓷器、肥料，医疗上的口服泻药等，以及矿物质水添加剂。硫酸镁在农业中被用于制作肥料，因为镁是叶绿素的主要成分之一，通常被用于盆栽植物或缺镁的农作物，如西红柿、马铃薯、玫瑰等。硫酸镁与其他肥料相比的优点是溶解度较高。硫酸镁也被用作浴盐。

## 4.9 氟化镁($MgF_2$)

### 4.9.1 物理性质

氟化镁是卤族元素氟和金属元素镁的化合物，也称为二氟化镁，为无色四方晶体，熔点为1261℃，沸点为2260℃，难溶于水和醇，微溶于稀酸，溶于硝酸。

### 4.9.2 制备方法

1. 碳酸镁法

碳酸镁法制备氟化镁所用镁源多为白云石($CaCO_3 \cdot MgCO_3$)或菱镁矿($MgCO_3$)。这类镁源含有$Si^{2+}$、$Ca^{2+}$等杂质，涉及的反应式如下。

主反应：

$$MgCO_3 + 2HF \rightleftharpoons MgF_2 + CO_2\uparrow + H_2O$$

副反应：

$$CaCO_3 + 2HF = CaF_2 + CO_2\uparrow + H_2O$$

$$SiO_2 + 6HF = H_2SiF_6 + 2H_2O$$

**2. 硫酸镁(或硝酸镁)法**[14]

以硫酸镁或硝酸镁为原料，反应式如下：

$$MgSO_4 + 2NaOH = Mg(OH)_2\downarrow + Na_2SO_4$$

$$Mg(OH)_2 + 2HF = MgF_2 + 2H_2O$$

或

$$2NaF + MgSO_4 = Na_2SO_4 + MgF_2$$

**3. 氧化镁法**[15]

以氧化镁为原料，反应式如下：

$$2HF + MgO = MgF_2 + 2H_2O$$

**4. 氯化镁法**

1) 卤水-氨-氢氟酸法[16]

以氯化镁、氨为原料，反应式如下：

$$MgCl_2 + 2NH_3 + 2H_2O = Mg(OH)_2\downarrow + 2NH_4Cl$$

$$Mg(OH)_2 + 2HF = MgF_2 + 2H_2O$$

2) 氟化铵-氯化镁法[17]

以氟化铵和氯化镁为原料，反应式如下：

$$2NH_4F + MgCl_2 = MgF_2 + 2NH_4Cl$$

### 4.9.3 主要用途

氟化镁是氟化工行业的一种精细下游产品，也是一种重要的无机化工原料，可作为生产特种陶瓷、玻璃、热压晶体的原料，也可作为冶炼金属铝和镁的助熔剂、焊接剂、颜料的涂着剂，还可用于制备光学仪器中的各种镜片及滤光涂层、阴极射线屏中的荧光材料等精密部件。

## 4.10 碱式碳酸镁

### 4.10.1 物理性质

碱式碳酸镁为白色单斜结晶或无定形粉末，在常温下稳定不分解，且无毒、无味。

### 4.10.2 化学性质

碱式碳酸镁微溶于水，微量溶解后，溶液呈碱性；易溶于酸，遇酸即发生反应冒泡。

### 4.10.3 制备方法

1. 氯化镁或硫酸镁纯碱法

工业上使用卤水-纯碱法制备碱式碳酸镁，将稀释的卤水不断搅拌，当温度稳定在50℃左右时，缓慢加入碳酸钠溶液复分解进行反应，反应结束后，经过2~3次的过滤、洗涤和干燥，最终制得碱式碳酸镁[18]。其反应方程式如下。

复分解：

$$MgCl_2 + Na_2CO_3 + 3H_2O \longrightarrow MgCO_3 \cdot 3H_2O + 2NaCl$$

热解：

$$5(MgCO_3 \cdot 3H_2O) \longrightarrow 4MgCO_3 \cdot Mg(OH)_2 \cdot 4H_2O + 10H_2O + 6CO_2 \uparrow$$

在以卤水为原料之前，需要对原料进行预处理，除去其中的杂质。一般会用氧化性较强的液体，如双氧水等除去卤水中的铁、锰等杂质，防止引入杂质，影响碱式碳酸镁的纯度。

2. 超声法

Takahiro Ohkubo 等[19]采用超声波辐射法制备出花瓣状碱式碳酸镁，以硫酸镁水溶液和碳酸钠溶液为原料。

3. 二氧化碳捕获法

二氧化碳捕获法又称碳化法，工业上制备碱式碳酸镁常用碳化法[20]。常用以白云石、菱镁矿、石棉尾矿、蛇纹石和苦卤等为原料捕获二氧化碳。以工业菱镁矿碳化法为例，可以分为四个部分：煅烧、消化、碳化和热解。其化学反应方程式如下。

煅烧：$MgCO_3 \longrightarrow MgO + 2CO_2 \uparrow$

消化：$MgO + 2H_2O \longrightarrow Mg(OH)_2$

碳化：$Mg(OH)_2 + 2CO_2 \longrightarrow Mg(HCO_3)_2$

热解：$Mg(HCO_3)_2 + 2H_2O \longrightarrow MgCO_3 \cdot 2H_2O + CO_2 \uparrow$

$5Mg(HCO_3)_2 \longrightarrow 4MgCO_3 \cdot Mg(OH)_2 \cdot 4H_2O + 6CO_2 \uparrow$

### 4. 卤水-碳酸氢盐法

工业上也常采用卤水-碳酸氢盐法生产碱式碳酸镁，又称为卤水-小苏打法或卤水-碳酸氢氨法。将海水制盐后的母液中的杂质除去，然后与碳酸氢盐按合适比例混合反应，产物即为轻质碳酸镁[21]。化学反应方程式如下：

$5MgCl_2 + 10NH_4HCO_3 \longrightarrow 4MgCO_3 \cdot Mg(OH)_2 \cdot 4H_2O + NH_4Cl + 6CO_2 \uparrow$

### 5. 复分解法

在工业上常通过菱苦土复分解制备轻质碳酸镁[22]，菱镁矿经过高温煅烧生成氧化镁，再经过中和、溶解反应产生氨气，为了节约成本，将氨气吸附反应生成氨水，最后进行复分解反应制得水合碱式碳酸镁，化学反应方程式如下。

轻烧反应：$MgCO_3 \longrightarrow MgO + 2CO_2 \uparrow$

中和反应：$MgO + H_2SO_4 \longrightarrow MgSO_4 + H_2O$

菱苦土溶解反应 $(NH_4)_2SO_4 + MgO \longrightarrow MgSO_4 + NH_3 \uparrow + H_2O$

吸氨反应：$3NH_3 + CO_2 + 2H_2O \longrightarrow (NH_4)_2CO_3 + NH_3 \cdot H_2O$

复分解反应：$5MgSO_4 + 5(NH_4)_2CO_3 + 2NH_3 \cdot H_2O + 3H_2O \longrightarrow$
$4MgCO_3 \cdot Mg(OH)_2 \cdot 4H_2O + 5(NH_4)_2SO_4 + 2NH_3 \uparrow + CO_2 \uparrow$

## 4.10.4 主要用途

阻燃型碱式碳酸镁 $[4MgCO_3 \cdot Mg(OH)_2 \cdot 4H_2O]$ 的相对密度较小，质地轻且松散，可用作橡胶和有机制品的良好添加剂。由于碱式碳酸镁具有阻燃和质地轻松的特点，可用于绝热的防火保温材料。碱式碳酸镁也是一种新型的阻燃剂[23]。

药用碱式碳酸镁的分子式为 $(xMgCO_3 \cdot yMg(OH)_2 \cdot zH_2O)$。由于药用碱式碳酸镁溶于水后呈碱性，所以可用于治疗胃酸和十二指肠溃疡，缓慢中和胃酸并且持续时间长；药用碱式碳酸镁还可以作为其他药物的原料，如人工肾透析液、消毒药水等原料。碱式碳酸镁由于其孔隙率高，可用于药物的载体。作为医药类用药，要求十分严格，必须保证其使用的安全性。一方面保证其纯度高，另一方面不能代入对人体有毒的物质，特别是重金属铅、镉、锰等，要求在百万分之一级别。食品级碱式碳酸镁可用于食品加工业和日常生活用品中，最常见的就是作为面粉的改良剂、牙膏和化妆品等[24]。碱式碳酸镁可以提高面粉添加剂的分散剂和流动性，也是抗结块疏松剂[25]。对食用级别的碱式碳酸镁的要求也十分严格，和药用碱式碳酸镁一样必须要求无重金属，原料和制备过程中的净化必须达标。碱式碳酸镁还用于电子行业，由于它具有良好的物理和化学性能，一般用于独石电容器的生产中[26]。碱式碳酸镁还具有化学活性高、分散均匀、聚集少和分解温度低等性能。另外，由于有良好的透明度，着色鲜艳和补强、填充作用，碱式碳酸镁是半透明彩色橡胶制品的理想填料，可提高橡胶的耐磨性和抗拉强度，也可用于油漆、染料的添加剂[27]。

## 参 考 文 献

[1] 黄西平, 张琦, 郭淑元, 等. 我国镁资源利用现状及开发前景[J]. 海湖盐与化工, 2004, 33(6): 1-6.
[2] 梁文玉, 孙晓林, 李凤善, 等. 金属镁冶炼工艺研究进展[J]. 中国有色冶金, 2020, 49(4): 36-44, 53.
[3] 王超超. 水氯镁石制备高纯氧化镁和碱式硫酸镁水泥研究[D]. 太原: 山西大学, 2020.
[4] 唐竹胜, 陶立群, 唐佳. 菱镁矿煅烧活性氧化镁联产干冰新工艺简介[J]. 中国金属通报, 2018, (3): 94-95.
[5] 宗俊, 颜粉鸽. 水菱镁矿煅烧制备活性氧化镁及水化动力学研究[C]. 石家庄: 2019 年全国镁化合物行业年会暨调结构、促融合、增效益、可持续发展论坛论文集. 2019: 40-50.
[6] 翟俊, 黄春晖, 张琴, 等. 水镁石制取高活性氧化镁的探究[J]. 盐业与化工, 2015, 44(9): 18-22.
[7] 王晓彤. 菱镁矿碳化法制备高活性氧化镁[D]. 北京: 北京化工大学, 2016.
[8] 郭小水. 轻烧白云石粉料碳化法制备氧化镁[D]. 北京: 北京化工大学, 2008.
[9] 刘源滔, 刘富舟, 杜玮, 等. 水氯镁石喷雾热解制备氧化镁[J]. 材料科学与工程学报, 2018, 36(6): 1010-1015, 903.
[10] 徐忠文, 林钦铭. 沸腾炉轻烧菱镁粉矿的研究[J]. 金属矿山, 1985, 10: 31-35.
[11] 吴丹, 王玉琪, 骆碧君, 等. 氢氧化镁制备工艺及研究进展[J]. 盐科学与化工, 2019, 48(7): 3-6.
[12] 高春娟, 张雨山, 黄西平, 等. 浓海水-钙法制取氢氧化镁工艺研究[J]. 盐业与化工, 2011, 40(1): 5-7.
[13] 王璐璐, 刘幽若, 纪烈孔, 等. 热压多晶氟化镁研究[J]. 无机盐工业, 2004, 36(1): 41-42.
[14] 陈克重. 粉末状高纯氟化镁的研制[J]. 化学试剂, 2006, (9): 573-574.
[15] 陈喜平. 高纯氟化镁生产方法的研究[J]. 无机盐工业, 1998, (4): 3-5.
[16] 薛河南, 明大增, 杨劲, 等. 我国磷肥副产氟硅酸的综合利用[J]. 化工生产与技术, 2007, 14(5): 8-10, 54, 70.
[17] 薛福连. 磷肥工业副产氟资源综合利用途径初探[J]. 有机氟工业, 2009, (4): 48-50.
[18] 武艳妮. 工业废碱与卤水的综合利用及纳米氧化镁的制备与分析[D]. 上海: 华东师范大

学, 2011.
[19] 陈明成. 碱式碳酸镁的制备工艺及其热分析的研究[D]. 淮南: 安徽理工大学, 2019.
[20] Botha A, Strydom C A. Preparation of a magnesium hydroxy carbonate frommagnesium hydroxide [J]. Hydrometallurgy, 2001, 62(2): 175-183.
[21] 王宝鑫. 水氯镁石制备优质碱式碳酸镁的工艺研究[D]. 西宁: 中国科学院研究生院(青海盐湖研究所), 2007.
[22] 李连会, 王振道, 胡庆福, 等. 菱镁矿复分解法制取药用碳酸镁[J]. 非金属矿, 2001, (4): 25-27.
[23] 曾荣昌, 柯伟, 徐水波, 等. 镁合金的最新发展及其应用前景[J]. 金属学报, 2001, 137(7): 673-685.
[24] 王渠东, 吕宜振, 曾小勤, 等. Mg合金在电子器材壳体中的应用[J]. 材料导报, 2000, 14(6): 22-24.
[25] 刘英, 李元元, 张卫文, 等. 镁合金的研究进展和应用前景[C]. 上海: 首届中国国际轻金属冶炼加工与装备会议文集, 2002: 258-263.
[26] 李玉贤, 朱明悦, 张征. $MgCl_2 \cdot 6H_2O$ 热分解机理的研究[J]. 河南化工, 1999, (12): 16-17.
[27] 陈新民, 张平民, 叶大陆, 等. 氯化镁水合物分解的综合研究[J]. 中南矿冶学院学报(自然科学版), 1979, 1: 15-26.

# 第5章 硼及其盐

## 5.1 硼(B)

硼在岩石圈、水圈和生物圈中，都有一定程度的分布，并且在地壳和海水中更为富集，而在地幔和岩石中相对较贫乏，同时在人体及动物组织、植物、浮游生物、细菌、真菌中均有存在[1,2]。土壤中硼的含量范围为2~100ppm，地区性差异较大，含量相对较低；岩石矿物中也有相当含量的硼，不同岩石类型硼含量变化范围较大，从基性玄武岩中的5ppm到页岩中的100ppm，整体而言，地壳中硼的平均浓度为10ppm；水圈中大部分硼分布于海洋，海水中硼的平均浓度为4.6ppm，变化范围为0.5~9.6ppm；淡水中硼的含量较低，一般为0.01~1.5ppm，并且与在土壤中硼的含量有关，土壤中硼含量高的地区对应的淡水溶液中硼的含量也会相对较高[3-5]。硼在室温时为弱导电体；高温时则为良导体。硼在自然界中主要以硼酸和硼酸盐的形式存在。

### 5.1.1 物理性质

单质硼为黑色或深棕色粉末，熔点2076℃，沸点3927℃。单质硼有多种同素异形体，无定形硼为棕色粉末，晶体硼呈灰黑色。晶态硼较惰性，无定形硼则比较活泼。单质硼的硬度近似于金刚石，有很高的电阻，但它的导电率却随着温度的升高而增大，高温时为良导体。硼共有14种同位素，其中只有两个是稳定的。

### 5.1.2 化学性质

化学元素周期表第ⅢA族元素，符号B，原子序数5。

硼易被空气氧化，而三氧化二硼膜的形成阻碍内部硼继续氧化。常温时硼能与氟反应，不受盐酸和氢氟酸水溶液的腐蚀。

(1) 硼与非金属作用。高温下硼能与$N_2$、$O_2$、$S$、$X_2$等单质反应，例如，它能在空气中燃烧生成$B_2O_3$和少量BN，在室温下即能与$F_2$发生反应，但它不与$H_2$、稀有气体等作用。

$$4B + 3O_2 = 2B_2O_3$$

$$2B + 3Cl_2 = 2BCl_3$$
$$2B + N_2 = 2BN$$

(2) 硼能从许多稳定的氧化物(如 $SiO_2$、$P_2O_5$、$H_2O$ 等)中夺取氧而用作还原剂。例如，在赤热条件下，硼与水蒸气作用生成硼酸和氢气：

$$2B + 6H_2O = 2H_3BO_3 + 3H_2\uparrow$$

(3) 硼与酸作用。硼不与盐酸作用，但与热浓 $H_2SO_4$、热浓 $HNO_3$ 作用生成硼酸：

$$2B + 3H_2SO_4(浓) = 2H_3BO_3 + 3SO_2\uparrow$$
$$B + 3HNO_3(浓) = H_3BO_3 + 3NO_2\uparrow$$

(4) 硼与强碱作用。在氧化剂存在下，硼和强碱共熔得到偏硼酸盐：

$$2B + 2NaOH + 3KNO_3 = 2NaBO_2 + 3KNO_2 + H_2O$$

(5) 硼与金属作用。高温下硼几乎能与所有的金属反应生成金属硼化物。它们是一些非整比化合物，组成中硼原子数目越多，其结构越复杂。

### 5.1.3 含量分布

硼约占地壳组成的 0.001%，它在自然界中的主要矿石是硼砂和白硼钙石等。中国西藏自治区许多含硼盐湖，蒸发干涸后有大量硼砂晶体堆积。海水及洋底热液、蚀变武岩、大洋沉积物是硼的主要载体，其硼含量明显高于陆相沉积物。同沉积环境中，不同沉积物的硼含量也不同，通常泥质沉积物中硼含量高于砂质沉积物及碳酸盐沉积物[6]。海相沉积物硼的含量一般为 80～125ppm，而淡水沉积物的硼含量一般小于 60ppm，硼含量大于 400ppm 的古海水为超盐度环境，300～400ppm 为正常海水环境，200～300ppm 为半咸水环境，而小于 200ppm 时则是低盐度环境的沉积产物[7,8]。

目前硼同位素方法已广泛应用于盐湖研究，如判断盐湖沉积环境、研究盐类成因和盐湖形成的古气候条件等方面[9-11]。中国学者认为柴达木盆地湖水的平均 $\delta^{11}B$ 为 9.6‰。西藏富硼型盐湖则以地热水为重要补给来源之一，吕苑苑等对滇藏地热带的 93 个热泉和地热井的水样进行了硼含量和硼同位素分析，结果表明地热带区域的热水均为陆相成因，其中热泉和地热井中的硼主要来源于海相碳酸盐和富硼硅酸岩[12]。

### 5.1.4 制备方法

(1) 首先用浓碱液分解硼镁矿得偏硼酸钠，将 $NaBO_2$ 在强碱溶液中结晶出来，使之溶于水成为较浓的溶液，通入 $CO_2$ 调节碱度，浓缩结晶即得到四硼酸钠(硼砂)。将硼砂溶于水，用硫酸调节酸度，可析出溶解度小的硼酸晶体。加热使硼酸脱水生成三氧化二硼，经干燥处理后，用镁或铝还原三氧化二硼得到粗硼。将粗硼分别用盐酸、氢氧化钠和氟化氢处理，可得纯度为 95%～98% 的棕色无定形硼。

(2) 最纯的单质硼用氢还原法制得：使氢和三溴化硼的混合气体经过钽丝，电热到 1500K，三溴化硼在高温下被氢还原，生成的硼在钽丝上成片状或针状结构。

(3) 由镁粉或铝粉加热还原氧化硼而得。

### 5.1.5 主要用途

1. 构成生命

硼元素是核糖核酸形成的必需品，而核糖核酸是生命的重要基础构件。

2. 工业用途

硼是一种用途广泛的化工原料矿物，主要用于生产硼砂、硼酸和硼的各种化合物以及单质硼。硼的用途超过 300 种，其中玻璃工业、陶瓷工业、洗涤剂和农用化肥是硼的主要用途，约占全球硼消费量的 3/4。

单质硼用作良好的还原剂、氧化剂、溴化剂、有机合成的掺合材料、高压高频电及等离子弧的绝缘体、雷达的传递窗等。

3. 生理功能

硼普遍存在于蔬果中，是维持骨骼健康和钙、磷、镁正常代谢所需要的微量元素之一。

4. 植物生理

硼是高等植物特有的必需元素[8]，硼对植物的生殖过程有重要的影响，与花粉形成、花粉管萌发和受精有密切关系。硼对植物的生理代谢产生一定影响，包括碳代谢、蛋白质代谢、核酸代谢和激素代谢。

## 5.2 氧化硼($B_2O_3$)

### 5.2.1 物理性质

氧化硼又称三氧化二硼，是硼最主要的氧化物。它是一种白色蜡状固体，一般以无定形的状态存在，很难形成晶体，但在高强度退火后也能结晶。氧化硼是已知的最难结晶的物质之一，其熔点为 450℃(结晶)，沸点(常压)为 1860℃。氧化硼表面有滑腻感，无味，可溶于酸、乙醇、热水，微溶于冷水。

### 5.2.2 化学性质

氧化硼对热稳定，白热时也不被碳还原，但碱金属以及镁、铝皆能使之还原成单质硼。加热至 600℃时，氧化硼可变成黏性很大的液体。在空气中可强烈地吸水，生成硼酸。氧化硼可与若干种金属氧化物化合而形成具有特征颜色的硼玻璃，能与碱金属、铜、银、铝、砷、锑、铋的氧化物完全混溶。

### 5.2.3 制备方法

#### 1. 常压法

将硼酸送入加热釜内，升温，硼酸徐徐脱水。当温度升到 107.5℃时，转变为偏硼酸($HBO_2$)；升温到 150～160℃时，转变为四硼酸($H_2B_4O_7$)；650℃以上则熔体产生大量泡沫；最终将温度保持在 800～1000℃，灼烧脱水到物料呈红色并不再鼓泡为止。熔料相对密度为 1.52。这时开启抽丝机进行抽丝，温度控制在 700～900℃。然后将抽丝机上的氧化硼丝用退切机切断，包装，得氧化硼成品。其反应方程式如下：

$$2H_3BO_3 =\!=\!= B_2O_3 + 3H_2O$$

#### 2. 真空法

(1) 将硼酸置于不锈钢盘中，放入烘箱内先烘 1.5h，温度为 100℃，再升温至 150℃，加热 4h。加热过程中要经常翻动，使其脱水均匀。接着将物料移出、冷却、粉碎，然后置于真空烘箱中，保持密封，在 220℃下加热 1.5h，再升温至 260℃，并加热 4h。再将物料冷却、粉碎，放入管式炉中，加热温度控制在 280℃，在真空下脱水 4h，制得氧化硼产品。

(2) 将晶状的硼酸装在一只小皿中，放在装有五氧化二磷的干燥反应器中，并在真空下加热至 200℃使之完全脱水。水真空泵提供的真空度已够用，但最好采用较高真空度的真空泵。重要的是温度要慢慢地升高到 200℃，否则硼酸会熔结起来而妨碍水汽的进一步逸散。所用的量越大，在 200℃下加热的时间应越长，有时保温达 4h 以上，脱水才能完全。对于 3g 硼酸，加热 1h 就够了。另外，在温度保持不超过 200℃的条件下，可以在干燥空气流中进行硼酸的脱水。所用干燥空气是将空气通过硫酸，然后再通过五氧化二磷或多孔性氧化钡进行干燥而得[13]。

### 5.2.4 主要用途

氧化硼在硅酸盐分析中用于测定二氧化硅和碱、吹管分析，分解硅酸盐的助熔剂；用于硅酸盐分解时的助熔剂、半导体材料的掺杂剂、耐热玻璃器皿和油漆耐火添加剂；是制取单质硼和各种硼化合物的原料；在冶金工业上用于合金钢的生产；用作有机合成的催化剂、高温用润滑剂的添加剂以及化学试剂等；用作分析试剂，如分解样品的助熔剂。氧化硼作为高纯试剂，用于半导体生产中的外延、扩散工序。

## 5.3 氯化硼($BCl_3$)

### 5.3.1 物理性质

氯化硼，又名三氯化硼，是一种有强烈臭味的无色发烟液体或气体。三氯化硼是一种不可燃、有毒、腐蚀性的存储在气瓶内的液化压缩气体，属于第5类危险有毒气体/不燃气体[14]。其易潮解，熔点−107.3℃，沸点12.5℃，溶于苯、二硫化碳，可用作半导体硅的掺杂源或有机合成催化剂，还可用于高纯硼或有机硼的制取。

### 5.3.2 化学性质

氯化硼在潮湿的空气中可产生浓密白烟，在无水乙醇中稳定，在水或醇中分解为盐酸和硼酸，如作溶媒，不能使盐与强酸产生离子作用。氯化硼气体无色，但当它接触潮湿空气时会形成腐蚀性浓厚白雾。三氯化硼遇潮气水解为盐酸和硼酸。当人吸入氯化硼或皮肤接触到氯化硼时会造成严重的化学灼伤。氯化硼遇水发生剧烈反应，放出具有刺激性和腐蚀性的氯化氢气体。当进入到氯化硼泄漏区时，需配备自给式呼吸器(SCBA)。在大量泄漏时需穿戴全身防护服[15]。

### 5.3.3 制备方法

(1) 工业上以氧化硼与碳在500℃中直接氯化制得[16]。

$$B_2O_3 + 3C + 3Cl_2 =\!=\!= 2BCl_3 + 3CO$$

将硼酸(或硼砂)与碳粉以3∶1的比例混合团块，在800℃烧结后，在600℃的温度下(硼砂为800℃)进行氯化。

(2) $B_2H_6 + 6Cl_2 =\!=\!= 2BCl_3 + 6HCl$

(3) $B_2O_3 + 6HCl(热浓) =\!=\!= 2BCl_3 + 3H_2O$

(4) 三氯化铝与三氟化硼在加热条件下反应，用液体二氧化碳或酒精冷却，然后精馏，得$BCl_3$[17]。

$$BF_3 + AlCl_3 =\!=\!= BCl_3 + AlF_3$$

## 5.4 碳化硼($B_4C$)

### 5.4.1 物理性质

碳化硼别名黑钻石，通常为灰黑色微粉，密度 2.508~2.512g/cm³，熔点 2350℃，沸点 3500℃。是已知最坚硬的三种材料之一(其他两种为金刚石、立方相氮化硼)。它的摩氏硬度为 9.3，硬度比工业金刚石低，但比碳化硅高。与大多数陶器相比，碳化硼易碎性较低。碳化硼具有大的热能中子俘获截面。

### 5.4.2 化学性质

碳化硼的化学惰性极强，一般不与任何酸碱反应，强度较高热的氧化性酸(如 $HNO_3$、$H_2SO_4$、$HClO_4$)会轻微腐蚀碳化硼。这种极高的化学稳定性，主要是由碳化硼中 C 与 B 之间形成的共价键、B 与 B 之间重键结合这种特殊结构所决定的。碳化硼的抗氧化能力差，在任何一种有氧的环境中，600℃时都会与氧反应，生成 $B_2O_3$ 和 $CO_2$，800℃时氧化现象已经非常明显，水和空气等都是一种氧化媒介。这一缺陷限制了碳化硼在该温度区间的使用。CO 气体对碳化硼的使用条件不会产生任何影响，1200℃以上时，如果有氢参加反应，会对碳化硼造成一定的破坏和影响。碳化硼对金属的稳定性较差，Ag、Cu、Zn 等不会对碳化硼产生影响，但是碳化硼会与其他的金属发生化学反应，形成硼化物金属体。

### 5.4.3 主要用途

碳化硼具有研磨效率高、强度高、密度小、耐高温、化学稳定性好以及良好的中子吸收能力等特点，所以被广泛用于硬质材料的磨削、轻质防弹装甲、高级耐火材料、核反应堆的屏蔽材料和火箭的固体燃料等诸多领域[18-20]。①碳化硼可作为核反应堆的屏蔽材料；②碳化硼可用于制备碳化硼陶瓷；③碳化硼可用于制备复合材料。随着科技的发展，碳化硼作为无机材料受到越来越多的关注，特别是碳化硼陶瓷，由于优异的性能，其在国防、核能和耐磨技术等领域有较多的应用。

## 5.5 硼氢化锂($LiBH_4$)

### 5.5.1 物理性质

硼氢化锂为无色粉末。密度为 0.896g/cm³，熔点为 280 ℃，沸点为 66 ℃，在

275℃分解，有吸湿性，在干空气中稳定，在湿空气中分解。其不溶于烃类、苯，溶于乙醚、液氨，可溶于液氨、四氢呋喃等极性溶剂。

### 5.5.2 化学性质

硼氢化锂加热分解，水溶液易水解，加酸反应迅速，可用作制氢原料和有机合成还原剂。在pH大于7时，硼氢化锂能溶于水，且水溶液缓慢分解，加酸则较剧烈分解。硼氢化锂与氯化氢作用，生成氢、乙硼烷和氯化锂。硼氢化锂与甲醇作用，生成硼甲氧化锂和氢。

### 5.5.3 制备方法

Schlesinger 和 Brown 最早在甲苯溶液中利用乙基锂($LiC_2H_5$)与乙硼烷($B_2H_6$)或硼氢化铝[$Al(BH_4)_3$]成功合成了$LiBH_4$，反应方程式如下[21-23]：

$$3LiC_2H_5 + 2B_2H_6 =\!=\!= 3LiBH_4 + B(C_2H_5)_3$$

$$3LiC_2H_5 + Al(BH_4)_3 =\!=\!= 3LiBH_4 + Al(C_2H_5)_3$$

在乙醚溶液中，LiH能够强烈吸附$B_2H_6$从而生成高纯度的$LiBH_4$，其反应方程式如下[24]：

$$2LiH + B_2H_6 =\!=\!= 2LiBH_4$$

工业上合成LiB是在乙醚或者异丙胺溶液中通过$NaBH_4$与卤化锂间的离子交换反应实现的，其反应方程式如下[25,26]：

$$NaBH_4 + LiX =\!=\!= LiBH_4 + NaX(X = Cl, Br)$$

此方法存在的最大困难就是需要寻找适合的有机溶剂来分离产物与副产物卤化钠，副产物在有机溶剂中的微弱可溶性，影响了最后产物$LiBH_4$的纯度。

此外，1958年Goerrig曾报道采用Li与B单质在650℃和150bar氢压下合成了$LiBH_4$[27]：

$$Li + B + 2H_2 =\!=\!= LiBH_4$$

但后人迄今未能按照他的方法从元素单质中直接合成出$LiBH_4$。后来Friedrichs等[28]研究发现，通过先让Li与B高温生成$LiB_3$进而转变为$Li_7B_6$，最终能在700℃和150bar氢压下合成$LiBH_4$。

Miwa等[29]的理论计算表明，用LiH代替Li能使上述的$LiBH_4$合成在热力学上更为适宜：

$$LiH + B + \frac{3}{2}H_2 =\!=\!= LiBH_4$$

Orimo 等[30]通过实验证实了在 600℃和 350bar 氢压下通过 Miwa 的途径成功制备出 LiBH$_4$。Agresti 和 Khandelwal[31]则通过气固反应球磨的方式按照 Miwa 的理论计算方法也成功合成了 LiBH$_4$,但产率只有约 27%。

另外,与 Schlesinger 等采用的溶剂中的湿化学合成方式不同,Friedrichs 等[32-34]还开发出无溶剂条件下通过气固反应来直接合成 LiBH$_4$ 的方法:

$$2LiH + B_2H_6 =\!=\!= 2LiBH_4$$

### 5.5.4 主要用途

硼氢化锂可用作氢源和有机基团(如醛、酮、酯)的还原剂,工业上用于漂白木浆和无电电镀(化学镀)。

硼氢化锂(LiBH$_4$)是有机化学中最重要的还原剂之一,属于硼氢化合物家族的成员。锂的金属性比钠和钾弱,因而在有机溶剂中比 NaBH$_4$ 和 KBH$_4$ 有较好的溶解度。硼氢化锂的还原能力比 NaBH$_4$ 和 KBH$_4$ 强,但是可以通过使用不同的溶剂来调控,次序大致为 Et$_2$O > THF > $i$-PrOH。加入锂盐或者叔胺可以增加它的反应速度,但 NaBH$_4$ 和 KBH$_4$ 没有这种效应。它的还原能力比 LiAlH$_4$ 弱,但具有较好的化学选择性。

该试剂基本完全覆盖了 NaBH$_4$ 和 KBH$_4$ 的还原功能,甚至可以在低温下来完成。由于在低温下反应增加了试剂的可控性,因此 LiBH$_4$ 常被用于一些具有特殊要求的羰基还原或者环氧还原,如 1,3-氨基醇或者 1,3-羟基醚等。

LiBH$_4$ 与同类试剂最大的差异,或者说最重要的用途是将酯基还原成为相应的醇。虽然 LiAlH$_4$ 也可以完成该过程,但是 LiBH$_4$ 在酯基还原过程中具有非常好的选择性,羧酸、羧酸盐、氰基和 $N,N'$-二取代酰胺均不受影响。

LiBH$_4$ 与环酰胺需要在溶剂中长时间回流才能将酰基部分还原为醇,但对二酰亚胺的还原却非常容易。如果使用手性环状酰胺作为辅助试剂与羧酸反应生成二酰亚胺结构,则完成手性辅助任务后,使用 LiBH$_4$ 不仅可以方便地切除辅助试剂,而且可以直接得到相应的醇。

## 5.6 三硫化二硼($B_2S_3$)

### 5.6.1 物理性质

三硫化二硼为白色晶体或无定形粉末,相对密度 1.55,熔点 310℃,在潮湿空气中会分解,微溶于三氯化磷和二氯化硫。

### 5.6.2 化学性质

三硫化二硼加热变成黏糊状,极易水解,生成硼酸和硫化氢,遇醇也分解。

### 5.6.3 制备方法

将硼化铁细粉放到反应管中,通入硫化氢气体反应而得。

## 5.7 三氟化硼($BF_3$)

### 5.7.1 物理性质

常温常压下,纯净的 $BF_3$ 是一种无色、有刺激性气味的气体,有窒息性,在潮湿的空气中会产生浓密白烟。[35] $BF_3$ 沸点(101.325kPa)–100℃;相对蒸气密度(空气=1)2.35;饱和蒸气压(–58℃)1013.25kPa;临界温度–12.25℃。

### 5.7.2 化学性质

$BF_3$ 可溶于有机溶剂。$BF_3$ 不燃烧,不助燃;在冷水中可溶解,与水反应生成氟硼酸($HBF_4$)与硼酸($H_3BO_3$);潮湿的 $BF_3$ 可腐蚀许多金属;干燥的 $BF_3$ 和金属单质一般不反应,但可和许多物质形成加成化合物或烷基金属化合物。常见反应如下:

$$2BF_3 + SiO_2 = 2BOF\uparrow + SiF_4\uparrow$$

$$4BF_3 + 3H_2O = 3HBF_4 + H_3BO_3$$

### 5.7.3 制备方法

1. 氟硼酸盐高温热解法

该方法利用了氟硼酸盐高温易于分解放出 $BF_3$ 的性质,反应机理如下[36]:

$$NaBF_4 = BF_3\uparrow + NaF$$

$$KBF_4 = BF_3\uparrow + KF$$

2. 氟硼酸盐高温热解法

1) 萤石硼酐法

唐湖[37]介绍了一种用 $CaF_2$、$B_2O_3$ 和发烟硫酸反应制备 $BF_3$ 的方法。反应原理为:

$$CaF_2 + H_2SO_4 = CaSO_4 + 2HF\uparrow$$

$$6HF + B_2O_3 = 2BF_3\uparrow + 3H_2O$$

该工艺设备简单，操作方便，但工艺过程中产生腐蚀性很强的 HF，且收率不高。

2) 加热氟硼酸盐、硼酐与浓硫酸的混合物

勃劳尔[38]提出了加热氟硼酸盐、硼酐与浓硫酸的混合物制备 $BF_3$ 的方法，该法原理为：

$$6NH_4BF_4 + B_2O_3 + 6H_2SO_4 = 8BF_3\uparrow + 6NH_4HSO_4 + 3H_2O$$

3) 硼酸与氟化氢反应法

于志红和扬金平[39]在发烟硫酸的环境中，用 $H_3BO_3$ 或 $B_2O_3$ 与 HF 在常温下反应制备 $BF_3$。首先向反应釜中加入发烟硫酸，然后加入 $H_3BO_3$ 或 $B_2O_3$，通入 $SO_3$，最后通入 HF，其中质量组成为发烟硫酸 3～5，$H_3BO_3$ 0.4～1.5，$SO_3$ 2～4，HF 2～7。通 $SO_3$ 和 HF 时系统温度控制在 50～100℃。该方法具有反应温度低、安全性高、废液少等优点。

4) $BF_3$ 水合物和发烟硫酸反应制备 $BF_3$

在工业聚合、酯化等过程中使用过的 $BF_3$ 可以 $BF_3$ 水合物的形式加以回收。埃勒夫阿托化学有限公司的专利[40]中介绍了一种由 $BF_3$ 水合物生产 $BF_3$ 和硫酸的方法。该方法可连续制得商品级的 $BF_3$ 气体。该法对 $BF_3$ 水合物中 $BF_3$ 的浓度范围要求较高，所述 $BF_3$ 水合物中 $BF_3$ 的质量分数为 47%～65.3%，主要用于 $BF_3$ 的再生过程。

5) 氟硅酸与硼酸法

这种方法中先由氟硅酸($H_2SiF_6$)与硼酸或硼酐反应制得氟硼酸和硅，氟硼酸经过浓缩后，与发烟硫酸共热来制备 $BF_3$。巴斯夫化学公司的专利[41]对这种制备 $BF_3$ 的方法进行了介绍。在一个加热的反应器中，在 25℃时加入 670g $H_2SiF_6$ 及 247g 质量分数 30.1%的 $H_3BO_3$。混合物加热到 98℃。在 20 min 内匀速加入相同浓度的氟硅酸共 447g。B($H_3BO_3$ 中)与 $H_2SiF_6$ 的物质的量比为 1.71∶1。保持 98℃ 1h 后，趁热滤除 $SiO_2$。滤饼用 365 mL 热水洗 3 遍，并在 1 个大气压下，在聚四氟乙烯烧瓶中将滤液加热到 158℃浓缩至 442g，最终得到氟硼酸，其中各物质的质量分数：F 49.7%，B 8.63%，$SiO_2$ 0.03%。相当于F与B原子比率为 3.27∶1。将浓缩的氟硼酸加入 1 L 的聚四氟乙烯烧瓶中，小心加入含 $SO_3$ 质量分数 65%的发烟硫酸(相当于 $H_2O$ 与 $SO_3$ 物质的量比率为 1∶0.98)。80 min 内升温至 130℃，在此过程中生成 19.0 L $BF_3$。以硼酸计算的产率为 87%，以氟计算的产率为 75%。这种方法制得 $BF_3$ 的纯度高，杂质 $SiF_4$ 的体积分数只有 0.06%。

6) 硼酸氟磺酸法

氟磺酸(HSO$_3$F)和硼酸 H$_3$BO$_3$（或硼酸的脱水形式 HBO$_2$、H$_2$B$_4$O$_7$ 和 B$_2$O$_3$）反应制备 BF$_3$ 气体。美国一项专利[42]介绍了一种硼酸和氟磺酸反应制备 BF$_3$ 的工艺。原材料使用质量分数 99%的固体硼酸、HSO$_3$F 质量分数 95.6%和游离 SO$_3$ 和质量分数 3%的商品氟磺酸。BF$_3$ 收率达 89.5%，SO$_2$ 气体杂质在气体产物中的体积分数为 0.62%。

7) 硼酸萤石法

用硼酸、萤石粉和发烟硫酸共热来制备 BF$_3$。制备原理：利用发烟硫酸的脱水作用，使硼酸脱水得到硼酐。在重铬酸钾作用下，三氧化硼、萤石粉和发烟硫酸混合加热即可得到 BF$_3$，反应式如下。

$$2H_3BO_3 = B_2O_3 + 3H_2O$$

$$3H_2SO_4 + B_2O_3 + 3CaF_2 = 3CaSO_4 + 3H_2O + 2BF_3\uparrow$$

综合反应式为

$$3H_2SO_4 + 2H_3BO_3 + 3CaF_2 = 3CaSO_4 + 2BF_3\uparrow + 6H_2O$$

3. 直接氟化法制备 BF$_3$

中国一项专利[43]公开了一种由氟气直接与硼单质接触反应制备 BF$_3$ 的方法，反应式为

$$2B + 3F_2 = 2BF_3$$

### 5.7.4 主要用途

BF$_3$ 的主要用作有机反应催化剂，如酯化、烷基化、聚合、异构化、磺化、硝化等；在许多有机反应和石油制品中，作为冷凝反应的催化剂，BF$_3$ 及化合物在环氧树脂中用作固化剂；主要用于半导体器件和集成电路生产的离子注入和掺杂；铸镁及合金时的防氧化剂。

## 5.8 磷化硼(BP)

### 5.8.1 物理性质

磷化硼是由硼元素与磷元素组成的无机化合物，属于一种半导体材料，栗色粉末，密度 2.90g/cm³，熔点 1100℃。

### 5.8.2 化学性质

磷化硼与沸腾的浓酸或碱溶液不发生反应,可在预热后与熔融的碱(例如氢氧化钠)发生反应。磷化硼暴露于空气中可在1000℃以下耐氧化,而在500℃左右能与氯气反应。磷化硼在高压下于2500℃仍可保持稳定,在1100℃以上真空加热会失去部分磷,得到$B_{12}P_{1.8}$,其晶体结构与碳化硼类似。

### 5.8.3 制备方法

早在1891年,法国化学家亨利·莫瓦桑就合成了磷化硼晶体。以下几种方法可制备磷化硼。

单质硼和红磷的混合物加热到900~1000℃热分解$PCl_3 \cdot BCl_3$;硼与磷化锌或磷化氢反应,氢气还原三氯化硼和红磷的混合物;三氯化硼与磷化物进行复分解反应。

## 5.9 硼化硅($BSi_6$)

### 5.9.1 物理性质

硼化硅($BSi_6$)是有光泽的黑灰色粉末,密度3.0g/cm³,熔点2200℃,不溶于水,抗氧化、抗热冲击、抗化学侵蚀,尤其在热冲击下具有很高的强度和稳定性,磨削效率高于碳化硼。

### 5.9.2 主要用途

$BSi_6$可用作各种标准的磨料、研磨硬质合金,也可用作工程陶瓷材料、喷砂嘴,制造燃气机的叶片和其他异形烧结件及密封件,还可用作耐火材料的防氧化剂。

## 5.10 硼化钙($CaB_6$)

硼化钙主要是通过碳热还原、自蔓延等手段合成,我国一些材料研究所以及一些高等院校都有一定的合成技术研究。

B-Ca之间有诸多化合物,但常见且比较稳定的为$CaB_6$,因此硼化钙主要系指六硼化钙$CaB_6$。

### 5.10.1 物理性质

六硼化钙为黑灰色粉末或颗粒,熔点 2230℃,密度为 2.33g/cm³,在 15℃常温下不溶于水。

### 5.10.2 制备方法[44]

(1) 将粉末状的碳化硼和氧化钙按照物质的量比为 3:2 混合。

(2) 将步骤 (1) 中的混合物在 1700~1800℃的温度下在空气中烧结 1~2h,即可获得硼化钙。该方法生产过程中二氧化碳的排放量较低,对环境污染小,生产的产品纯度高,杂质少。

### 5.10.3 主要用途

硼化钙可用作白云石炭和镁白云石炭耐火材料的抗氧化、抗侵蚀和提高热态强度的含硼添加剂;用作高导电紫铜提高导电率和强度的脱氧除气剂;用作核工业防中子的新型材料;用作居里温度 900 K 的自旋电子组件中的新型半导体材料;用作制造三氯化硼($BCl_3$)和无定形硼的原料;用作制造高纯度金属硼化物($TiB_2$、$ZrB_2$、$HfB_2$ 等)以及高纯度硼合金(Ni-B、Co-B、Cu-B 等)的原料;用作制造含触媒剂钙——硼氮化物($Ca_3B_2N_4$)和六方氮化硼的混合物,用其生产性能优异的晶体立方氮化硼;用作硼合金铸铁的脱硫除氧增硼剂;用作硼钢的脱硫除氧增硼剂;用作金属熔炼的脱氧剂。

## 5.11 硼氢化钠($NaBH_4$)

### 5.11.1 物理性质

硼氢化钠为白色结晶粉末,相对密度 1.074,在干燥空气中温度达到 300℃或真空 400℃时仍稳定,不挥发,熔点 505℃,硼氢化钠易溶于水、液氨、胺类,微溶于四氢呋喃,不溶于乙醚、苯、烃。

### 5.11.2 化学性质

硼氢化钠与水作用产生氢气,在碱性溶液中稳定,在酸性溶液中则很快被完全分解。硼氢化钠碱性溶液呈棕黄色。

### 5.11.3 制备方法

氢化钠硼酸甲酯法:将硼酸和适量甲醇加入精馏釜中,徐徐加热,在 54℃全回流 2h，然后收集硼酸甲酯与甲醇共沸液。共沸液经硫酸处理，精馏后可得较纯产物。将由氢气与钠作用而得的氢化钠送入缩合反应罐中，在搅拌下加热至 220℃左右开始加硼酸甲酯，至 260℃时停止加热，加料温度控制在 280℃以下，加料后继续搅拌，使其充分反应。然后冷却至 100℃以下，离心分离，得缩合产物滤饼。在水解器中加入适量的水，将滤饼缓慢加入水解器中，控制温度在 50℃以下，加料完毕后升温至 80℃，离心分离，水解液则送入分层器中，静止 1h 后自动分层，下层水解液即为硼氢化钠溶液。

$$H_3BO_3 + 3CH_3OH \longrightarrow B(OCH_3)_3 + 3H_2O$$

$$2Na + H_2 \longrightarrow 2NaH$$

$$4NaH + B(OCH_3)_3 \longrightarrow NaBH_4 + 3CH_3ONa$$

### 5.11.4 主要用途

硼氢化钠是一种良好的还原剂，它的特点是性能稳定，还原时有选择性。可用作醛类、酮类和酰氯类的还原剂，塑料的发泡剂，制造双氢链霉素的氢化剂，制造硼氢化钾的中间体，合成硼烷的原料，以及用于造纸工业和含汞污水的处理剂等，还是燃料电池氢源载体。

## 5.12 硼化铝($AlB_2$)

### 5.12.1 物理性质

硼化铝($AlB_2$)是铝元素和硼元素形成的一种二元化合物，常温常压下为红色固体，加热失去表面光泽，熔点为 1655℃，密度为 3.19g/cm$^3$。它是铝和硼的两种化合物之一，另一种是 $AlB_{12}$，它们通常被称为硼化铝。$AlB_{12}$ 为黑色有光泽的单斜晶体，相对密度 2.55(18℃)，不溶于水、酸、碱，在热硝酸中分解，由三氧化二硼、硫、铝一起熔融而得。

### 5.12.2 化学性质

硼化铝在冷的稀酸中稳定，在热的盐酸和硝酸中则分解，由铝和硼的细粉混合后经加热反应而得。硼化铝与盐酸反应释放出硼烷和氯化铝。

### 5.12.3 制备方法

以无定形硼粉和铝粉为原料，采用粉末冶金法制备 $AlB_{12}$ 粉末。采用 X 射线衍射仪和扫描电镜分别测定产物相组成及相对含量、显微形貌，研究了埋粉对产物相组成的影响，并确定了合成过程的最佳工艺参数。合成最佳工艺参数为：合成温度 1400℃，恒温时间 60 min，17.2%的配比 Al 含量，埋粉 Al 含量为 20%。

硼化铝的结构与金属互化物相似，其结构主要取决于铝金属和硼的晶体结构而不取决于它们的化合价关系。铝的硼化物有 $AlB_2$ 和 $AlB_{12}$。二硼化物 $AlB_2$ 可由两种单质在 600℃以上反应生成。它是层状结构，Al 原子直接重叠(A，A 方式)，B 原子充填在 Al 原子直接重叠而形成的三角柱中，即硼层处于两个铝层之间。硼层与石墨结构相似，硼原子联结成六角网状，每一个 B 原子与其他三个 B 原子的距离为 0.173 nm，有六个 Al 原子与 B 相连接，它们占据在三角柱的顶点上。$AlB_2$ 可溶解在稀盐酸中产生具有还原性的溶液，该溶液可能含有 $HB(OH) + 3AlB_2$，不溶于稀硫酸，但能溶于硝酸中。在 920℃以上 $AlB_2$ 分解生成 $AlB_{12}$。

## 5.13　硼化铁(FeB)

### 5.13.1　物理性质

硼化铁为灰色正交菱形晶体，熔点为 1652℃，密度为 7.15g/cm³，质地坚硬、难熔、耐蚀性好。

### 5.13.2　化学性质

硼化铁与沸水反应。

### 5.13.3　制备方法

(1) 将硼与铁按物质的量比 1∶1 混均，在氩气中于 1200～1300℃共热制得。

(2) 在氢气中使 FeS 和 $BCl_3$ 在高于 500℃温度下反应，或由氯化亚铁溶液与硼氢化钠($NaBH_4$)反应制得。

## 5.14　硼化锆($ZrB_2$)

### 5.14.1　物理性质

硼化锆为灰色坚硬晶体。硼化锆有三个组成即一硼化锆、二硼化锆、三硼化锆，只有二硼化锆在很宽的温度范围是稳定的。工业生产上主要以二硼化锆为主。二硼化锆为六方体晶型，灰色结晶或粉末，相对密度 5.8，熔点为 3040℃；耐高温，常温和高温下强度均很高；耐热震性好，电阻小，高温下抗氧化；带金属光泽，有金属性；电阻略低于金属锆。加热后在较大的温度范围内稳定；熔点虽高，但在较低温度下能烧结。

### 5.14.2 制备方法[45]

1. 元素合成

元素合成就是在真空或惰性气体氛围下直接加热单质硼和锆来合成 $ZrB_2$。

$$Zr + 2B == ZrB_2$$

2. 硼热还原

硼热还原就是在真空或惰性气体氛围下用 $ZrO_2$ 和纯 B 粉作为原料制备 $ZrB_2$ 粉体。

$$ZrO_2 + 4B == ZrB_2 + B_2O_2$$

3. 碳热还原

碳热还原就是用 $ZrO_2$ 和 $B_2O_3$ 以及 C 为原料，制备 $ZrB_2$ 粉体的合成：

$$ZrO_2 + B_2O_3 + 5C == ZrB_2 + 5CO\uparrow$$

4. $B_4C$ 还原

$B_4C$ 还原就是用 $ZrO_2$ 和 $B_4C$ 为原料，通过 $B_4C$ 还原制备 $ZrB_2$ 粉体的合成方法：

$$7ZrO_2 + 5B_4C == 7ZrB_2 + 3B_2O_3 + 5CO\uparrow$$

5. 金属热还原

金属热还原就是用 $ZrO_2$ 和 $B_2O_3$ 以及金属作为原料，以金属镁或铝作为还原剂制备 $ZrB_2$ 粉体的合成方法：

$$3ZrO_2 + 3B_2O_3 + 10Al == 3ZrB_2 + 5Al_2O_3$$

$$ZrO_2 + B_2O_3 + 5Mg == ZrB_2 + 5MgO$$

### 5.14.3 主要用途

硼化锆可用作宇航耐高温材料、耐磨光滑的固体材料、切削工具、温差热电偶保护管以及电解熔融化合物的电极材料，特别适于用作滚动轴承滚珠的表面。

## 5.15 硼化铪($HfB_2$)

### 5.15.1 物理性质

硼化铪($HfB_2$)为灰色有金属光泽晶体，熔点为3250℃，导电率大。

### 5.15.2 化学性质

硼化铪化学性质稳定，室温下与浓硫酸和硫酸钾混合液及磷酸不反应，与浓盐酸和浓硝酸混合物反应。

### 5.15.3 制备方法[46]

目前，$HfB_2$粉体可以通过以下反应制得：

$$HfO_2 + B_2O_3 + 5C == HfB_2 + 5CO\uparrow$$

$$3HfO_2 + 10B == 3HfB_2 + 2B_2O_3$$

$$7HfO_2 + 5B_4C == 7HfB_2 + 3B_2O_3 + 5CO\uparrow$$

$$2HfO_2 + B_4C + 3C == 2HfB_2 + 4CO\uparrow$$

$$HfO_2 + 2H_3BO_3 + 5Mg == HfB_2 + 5MgO + 3H_2O$$

$$HfCl_4 + 2NaBH_4 == HfB_2 + 2NaCl + 2HCl + 3H_2\uparrow$$

$$Hf + 2B == HfB_2$$

### 5.15.4 主要用途

硼化铪可用作耐高温合金。

## 5.16 硼酸($H_3BO_3$)

### 5.16.1 物理性质

硼酸为白色粉末状结晶或三斜轴面的鳞片状带光泽结晶。相对密度1.4347，熔点184℃(分解)，沸点300℃；有滑腻手感；溶于水、酒精、甘油、醚类及香精油中；无气味，味微酸苦后带甜；露置空气中无变化，能随水蒸气挥发；有刺激性；有毒，内服严重时导致死亡。

### 5.16.2 化学性质

(1) 将硼酸加热至 100℃，由于不断地失去水分，它首先变成偏硼酸，其有三种变体，熔点分别为 176℃、201℃和 236℃。硼酸的脱水以生成偏硼酸宣告结束(只要温度不超过 150℃)。再继续加热，水被脱净生成氧化硼。晶体氧化硼 450℃时溶化。无定形氧化硼没有固定的熔点，它在 325℃时开始软化，500℃时全部成为液体。

(2) 稳定性。硼酸是一种稳定结晶体，正常保存下一般不会发生化学反应。

(3) 酸性。其酸性来源不是本身给出质子，由于硼是缺电子原子，能加合水分子的氢氧根离子，而释放出质子。利用这种缺电子性质，加入多羟基化合物(如甘油醇和甘油等)生成稳定配合物，以强化其酸性。

硼酸显酸性原因：

$$B(OH)_3 + H_2O \longrightarrow [HO-B-OH]^- + H_3O^+$$

硼酸是一元极弱酸，在硼酸中加入甘油后硼酸的酸性会增强。形成的硼酸酯燃烧产生绿色火焰，可用于鉴别含硼化合物。

### 5.16.3 制备方法

(1) 硼砂硫酸中和法：将硼砂溶解成相对密度 30～32 波美度的溶液，滤去杂质，然后放入酸解罐，于 90℃时加入当量硫酸，使溶液在 pH 2～3 时进行反应。反应完成液经冷却、结晶、分离、干燥后制得硼酸成品。

$$Na_2B_4O_7 + H_2SO_4 + 5H_2O = 4H_3BO_3 + Na_2SO_4$$

(2) 碳氨法：将焙烧后的硼矿粉 ($2MgO \cdot B_2O_3$) 与碳酸氢铵混合，在浸取釜内加热物料至 140℃、压力 1.5～2.0 MPa 反应 4h 左右，放出剩余气体，经吸氨塔将氨回收，当温度降至 110℃时即可放料。经过滤机过滤洗涤后，排除废渣，溶液送入蒸氨塔进行脱氨，可回收氨水。当蒸至氨硼比低于 0.04(物质的量比)时再经浓缩、冷却、结晶、分离、干燥后，制得硼酸产品。

$$2MgO \cdot B_2O_3 + 2NH_4HCO_3 + H_2O = 2(NH_4)H_2BO_3 + 2MgCO_3 \downarrow$$

$$(NH_4)H_2BO_3 = H_3BO_3 + NH_3 \uparrow$$

(3) 盐酸法：将硼精矿粉用母液和水调配至适当浓度后，送入酸解罐，徐徐加入盐酸到指定的酸量后，搅拌一定时间，再升温至 95～100℃，反应 2h，然后过滤，弃去滤渣，滤液经冷却、结晶、离心分离、水洗、干燥、包装，制得硼酸产品。

$$2MgO + B_2O_3 + 4HCl + H_2O = 2H_3BO_3 + 2MgCl_2$$

(4) 井盐卤水盐酸法：由含硼卤水与盐酸一起蒸煮，再经脱水、冷却结晶、离心分离、干燥，制得硼酸成品。重结晶法将工业硼酸溶于蒸馏水中，经除杂、提纯、过滤、结晶、离心分离、干燥制得。

(5) 电解电渗析法：将碳碱法硼砂来的碳解液，加入冷凝水调节到规定的含硼浓度，作为阳极室的原料液，碳酸钠经碳化后的含有碳酸氢钠的碳化液，作为阴极室的原料液；分别经控制过滤后用泵打入电解电渗析槽的相应极室内。待流量稳定后，通入直流电，调节到规定的操作电流。当阳极室流出液达到规定的pH时，则送去蒸发，再经冷却结晶、离心分离、干燥，制得硼酸成品。多硼酸钠法将硼镁矿焙烧粉碎成一定细度的矿粉，按照低于理论量的配碱比与纯碱溶液配成适当液固比的料浆，通入不同浓度的二氧化碳气体，在一定温度和压力下进行碳解反应，反应后的料浆经过滤弃去泥渣。将得到的多硼酸钠溶液经蒸浓后加入硫酸中和、冷却结晶、离心分离、干燥，制得硼酸成品。

$$b(2MgO \cdot B_2O_3) + aNa_2CO_3 + (2b-a)CO_2[aq] = aNa_2O \cdot bB_2O_3 + 2bMgCO_3 \downarrow$$

$$3Na_2O \cdot (3.5-4.5)B_2O_3 + H_2SO_4 + (9.5-12.5)H_2O = (7-9)H_3BO_3 + Na_2SO_4$$

### 5.16.4 主要用途

硼酸可用来配制缓冲液；制备各种硼酸盐；蟑螂和地毯中黑色甲虫的杀虫剂；医药上用作止血药、消毒剂和防腐剂；用于制取硼酸盐、硼酸酯、油漆、颜料、硼酸药皂、皮革整理剂、印染助剂等；用于电容器制造及电子元件工业，高纯分析试剂配制已曝光感光材料冲洗加工药液；用于玻璃、搪瓷、陶瓷、医药、冶金、染料、农药、肥料、纺织等工业；大量用于玻璃(光学玻璃、耐酸玻璃、耐热玻璃、绝缘材料用玻璃纤维)工业，可以改善玻璃制品的耐热、透明性能，提高机械强度，缩短熔融时间。

硼酸盐有偏硼酸盐、原硼酸盐和多硼酸盐等。最重要的硼酸盐是四硼酸钠，俗称硼砂。硼酸盐是与三氧化二硼有关伪盐类的通称，通常仅指正硼酸的盐，与强酸水溶液作用析出正硼酸。硼酸盐类矿物的主要阳离子为钙、镁和钠，其次为铁、锰等。许多硼酸盐含有水分子，有时还存在$Cl^-$、$OH^-$、$O^{2-}$等附加阴离子。硼酸盐的结晶构造很近似程酸盐。由于其呈平面三角形的$BO_3^{3-}$既可独立存在，又可彼此以三角形的顶点相连，形成复杂的络阴离子，故在硼酸盐的结晶构造中也有岛状、链状、层状和架状构造之分。硼酸盐类矿物一般为无色、透明玻璃光泽，硬度不高，相对密度小。大多数矿物因络阴离子在构造中呈链状排列，故具有柱状和针状晶形状硼酸盐。也有内生和外生成因的。外生成因的硼酸盐可形成巨大工业矿床，见于富含硼的干涸盐盆地中。

## 5.17 硼酸钠($Na_2B_4O_7$)

### 5.17.1 四硼酸钠

1. 物理性质

四硼酸钠为无色粉末,相对密度 2.367,熔点 741℃,沸点 1575℃(分解),溶于甘油。

2. 化学性质

四硼酸钠的水溶液呈弱碱性,也有明显的呈绿色的焰色反应。水溶液中加入盐酸时,其和硼酸一样有姜黄反应。

### 5.17.2 十水盐硼酸钠 ($Na_2B_4O_7 \cdot 10H_2O$)

1. 物理性质

十水盐硼酸钠为无色单斜晶系柱状结晶,易风化;相对密度 1.73,加热至 60℃时脱去五分子水,变为五水物;加热至 380~400℃时失去结晶水,成为无水物;在 878℃时熔化成玻璃状;熔融时,由于分子中有过量的氧化硼,可熔解许多金属氧化物;溶于水,不溶于乙醇,溶于甘油。

2. 化学性质

十水盐硼酸钠的水溶液呈弱碱性。本品与其金属氧化物的熔融物,因金属不同,而呈不同的颜色,此特征颜色可用来检验金属离子,这种方法称为硼砂珠试验。例如:

$$B_4O_7^{2-} + H_2O \rightleftharpoons HB_4O_7^- + OH^-$$

$$Na_2B_4O_7 + Co \longrightarrow NaBO_2 \cdot Co(BO_2)_2$$

生成物 $NaBO_2 \cdot Co(BO_2)_2$ 为蓝色。由于其熔融金属氧化物能力强,常用来在焊接时去除焊接件的表面氧化物。

### 5.17.3 五水盐硼酸钠 ($Na_2B_4O_7 \cdot 5H_2O$)

五水盐硼酸钠为无色立方或六方晶系晶体;相对密度 1.815;加热至 120℃时开始脱水;有吸湿性,在空气中可吸收水分而成为十水合物;易溶于水。

### 5.17.4 制备方法

(1) 加压碱解法：将预处理的硼镁矿粉与氢氧化钠溶液混合，加温加压分解得偏硼酸钠溶液，再经碳化处理即得硼砂。

$$2MgO \cdot B_2O_3 + 2NaOH + H_2O = 2NaBO_2 + 2Mg(OH)_2$$

$$4NaBO_2 + CO_2 = Na_2B_4O_7 + Na_2CO_3$$

(2) 碳碱法：将预处理的硼镁矿粉与碳酸钠溶液混合加温，通二氧化碳升压后反应得硼砂。

$$2(2MgO \cdot B_2O_3) + Na_2CO_3 + 2CO_2 + xH_2O = Na_2B_4O_7 + 4MgO \cdot 3CO_2 \cdot xH_2O$$

(3) 纯碱碱解法(井盐卤水)：将井盐卤水处理后得硼砂糊，与纯碱混合蒸煮即得硼砂。

$$CaB_4O_7 + Na_2CO_3 = Na_2B_4O_7 + CaCO_3 \downarrow$$

$$4H_3BO_3 + Na_2CO_3 = Na_2B_4O_7 + 6H_2O + CO_2 \uparrow$$

(4) 纯碱碱解法(钠硼解石)：用纯碱和小苏打分解预处理后的钠硼解石，加苛化淀粉沉降、结晶得硼砂。

$$2(Na_2O \cdot 2CaO \cdot 5B_2O_3 \cdot 16H_2O) + 2Na_2CO_3 + 2NaHCO_3 =$$
$$5Na_2B_4O_7 + 4CaCO_3 + 33H_2O$$

### 5.17.5 主要用途

硼酸钠主要用于玻璃和搪瓷行业，且在冶金、钢铁、机械、军工、刀具、造纸、电子管、化工及纺织等部门中都有着重要而广泛的用途。

## 5.18 硼酸钙($xCaO \cdot yB_2O_3 \cdot nH_2O$)

### 5.18.1 物理性质

硼酸钙为白色粉末固体。

### 5.18.2 制备方法

(1) 多硼酸钠石灰法：在一定的碳酸钠下，用二氧化碳加压分解硼酸镁，分离出硼渣的碳解液主要以多硼酸钠形式存在，用此滤液与石灰乳反应生成控制物料 $B_2O_3$/CO 为 0.9~1，于 40~65℃下进行反应。生成的偏硼酸钙沉淀经过滤、洗涤、干燥、粉碎，制得偏硼酸钙成品。其反应式如下：

$$2H_3BO_3 + Ca(OH)_2 \Longrightarrow CaO \cdot B_2O_3 \cdot 4H_2O$$

(2) 硼酸铵石灰乳法：碳氨法制硼酸的氨解过滤液在适当加热下用压缩空气脱除剩余的碳酸氢铵，然后送入合成器中。再加来自消化器的石灰乳，搅拌反应。反应时控制硼钙比 ($B_2O_3/CO$) 在 0.9~1.1，温度 60~65℃，反应时间约 22h。生成的偏硼酸钙沉淀经过滤、干燥、粉碎后，制得成品：

$$2MgO \cdot B_2O_3 + 2NH_4HCO_3 + H_2O \Longrightarrow 2(NH_4)H_2BO_3 + 2MgCO_3$$

$$2(NH_4)H_2BO_3 + Ca(OH)_2 \Longrightarrow CaO \cdot B_2O_3 \cdot 4H_2O + 2NH_3$$

(3) 一步法硼酸钙：用二氧化碳加压分解硼镁矿，分离出硼渣的碳解液主要以硼酸形式存在，用此滤液在一定的活化剂作用下，与10%左右的石灰乳中和反应，生成硼酸钙，经分离、干燥、即得硼酸钙。

国内硼酸钙生产技术有两种。其一，采用复分解法，用硼砂或其他硼酸盐与可溶性钙盐反应生成硼酸钙，产品质量较好，但原料是硼砂或其他硼酸盐，成本相对较高，母液回收副产品难度大。其二，天津化工研究设计院开发的一步法生产硼酸钙技术，它采用硼矿粉直接经碳化、分离、活化合成制得硼酸钙产品。其特点是生产成本低，产品质量稳定，工艺流程相对简单。

### 5.18.3　主要用途

硼酸钙在我国是刚发展起来的产品，品种还很少。主要用途是代替硬硼酸钙，应用在无碱玻璃纤维上。硼酸钙还可以用于白色颜料、陶瓷、玻璃、造纸、橡胶和塑料等工业。合成硼酸钙的成本相当于硼酸价格的 1.3 倍，是成本最低的阻燃剂。

## 5.19　方硼石($Mg_3[B_7O_{12}]OCl$)

方硼石是硼酸盐矿物氯硼酸镁。这种矿物产在石膏、石盐矿床中。它们呈玻璃状或结核状晶体，主要为无色或白色。方硼石晶体常见六面、八面、圆粒等轴状，硬度7，色彩有白、灰、黄、绿、蓝等，玻璃光泽，具强烈热电性。

方硼石属于斜方晶系，硼氧骨架结构。其形态一般为不规则粒状，也可见正四面体形态的同质多相变体，相变温度为407℃。油脂-玻璃光泽，无解离，贝壳状断口，集合体为白色或灰白色，随着锰轻微氧化，单晶从无色到深紫色变化，继续暴露在阳光下颜色会进一步加深。其硬度7，相对密度3.48，镜下为正高突起，一级灰白至黄色干涉色。

## 5.20 硼酸镁晶须($Mg_2B_2O_5$)

### 5.20.1 理化性质

硼酸镁晶须为白色固体粉末，熔点为 1360℃，相对密度为 2.91，不溶于水，化学性质耐腐蚀。

### 5.20.2 制备方法

硼酸镁晶须的制备主要有两种方法，一种是以氧化镁、硼酸为原料，在氯化钾助熔剂存在下进行熔融，得到不含块状物的晶须，晶须大小采用添加晶种的方式进行控制；另外一种是以氯化镁和硼酸为原料；经充分混合，添加适量水混炼成型，在 750~950℃的温度下，加热 1~50h，使晶须成长，得到的硼酸镁晶须生成物冷却后用水处理即可。

### 5.20.3 主要用途

在发达国家，硼酸镁晶须增强的复合材料被广泛应用在军事、航空航天材料、建筑、机械、桥梁、汽车、高分子材料、体育器材，以及铝基、镁基合金增强，塑料复合材料增强，陶瓷复合材料增强，高分子材料增强等领域。

## 5.21 硼 酸 锰

### 5.21.1 理化性质

硼酸锰是一种带红光的白色粉末，密度是 $2.5g/cm^3$，溶于稀酸，稍溶于水及氢氧化钠，微溶于油，不溶于醇。其长时间和水作用则分解，吸潮后，在空气中的氧化作用加快。

### 5.21.2 制备方法

硼酸锰由工业硼砂用水溶解后与用水溶解的工业硫酸锰反应而得。

### 5.21.3 主要用途

硼酸锰对植物油有催干作用；用作油漆和熟油的干燥剂，是制造油墨和油漆催干剂的原料；也用于玻璃工业。

## 5.22 硼酸锌

### 5.22.1 物理性质

硼酸锌为白色固体，密度为 3.64g/cm³，熔点为 980℃。

### 5.22.2 制备方法

(1) 硼酸-氢氧化锌法：

$$2Zn(OH)_2 + 6H_3BO_3 = 2ZnO \cdot 3B_2O_3 \cdot 3.5H_2O + 7.5H_2O$$

(2) 硼酸-氧化锌法：

$$2ZnO + 6H_3BO_3 = 2ZnO \cdot 3B_2O_3 \cdot 3.5H_2O + 5.5H_2O$$

(3) 硼酸盐-锌盐法：

$$3.5ZnSO_4 + 3.5Na_2B_4O_7 + 0.5ZnO + 10H_2O =$$
$$2(2ZnO \cdot 3B_2O_3 \cdot 3.5H_2O) + 3.5Na_2SO_4 + 2H_3BO_3$$

### 5.22.3 主要用途

硼酸锌是一种环保型的非卤素阻燃剂，具有无毒、低水溶性、高热稳定性、粒度小、相对密度小、分散性好等特点，作为一种高效阻燃剂被广泛应用在塑料、橡胶、涂料等领域。可以作为氧化锑或其他卤素阻燃剂的多功能增效添加剂，可以有效提高阻燃性能，减少燃烧时烟雾的产生，并可以调节橡塑产品的化学、机械、电等方面的性能。

## 5.23 硼酸铜

### 5.23.1 理化性质

硼酸铜为蓝绿色晶体粉末，相对密度 3.859，溶于酸，不溶于水。

### 5.23.2 制备方法

硼酸铜由氢氧化铜与硼酸作用而得。

### 5.23.3 主要用途

硼酸铜可用作油画颜料、瓷器着色剂和杀虫剂等。

### 参 考 文 献

[1] Leeman W, Sisson V. Geochemistry of boron and its implications for crustal and mantle processes[J]. Reviews in minerology and geochemistry, 1996, 33(1): 645-707.
[2] 郎赟超, 刘丛强, 赵志琦. 硼及其同位素对水体污染物的示踪研究[J]. 地学前缘, 2002, 9(4): 409-415.
[3] Chaussidon M, Jambon A. Boron content and isotopic composition of oceanic basalts: geochemical and cosmochemical implications[J]. Earth and Planetary Science Letters, 1994, 121(3-4): 277-291.
[4] 高波. 硼酸盐水溶液振动光谱分析[D]. 西安: 陕西师范大学, 2004.
[5] 蒋少涌. 硼同位素及其地质应用研究[J]. 高校地质学报, 2000, 6(1): 1-16.
[6] 肖荣阁, 大井隆夫, 蔡克勤, 等. 硼及硼同位素地球化学在地质研究中的应用[J]. 地学前缘, 1999, 6(2): 361-368.
[7] Walker C T, Norman B P. Departure curves for computing paleosalinity from boron in illites and shales[J]. AAPG Bullein, 1963, 47(5): 8338-8341.
[8] Walker C T, Norman B P. Evaluation of Boron as a paleosalinity indicator and its application to offshore prospects[J]. AAPG Buletin, 1968, 52(5): 751-766.
[9] 张崇耿, 肖应凯. 硼同位素分馏及其在环境研究中的应用[J]. 盐湖研究, 2002, 10(2): 54-60.
[10] 吕苑苑, 赵平, 高剑锋, 等. 硼同位素分析方法研究进展[J]. 地质科学, 2009, 44(3): 1052-1061.
[11] 程家龙, 赵永鑫, 柳丰龙. 硼同位素在矿床学中的应用研究[J]. 地质找矿论丛, 2010, 25(1): 65-71.
[12] 吕苑苑, 郑绵平. 盐湖硼、锂、锶、氯同位素地球化学研究进展[J]. 矿床地质, 2014, 33(5): 930-944.
[13] 中国工业气体工业协会. 中国工业气体大全[M]. 大连: 大连理工大学出版社. 2008: 2547-2550.
[14] 岳茂兴. 危险化学品事故急救[M]. 北京: 化学工业出版社, 2005: 1-27.
[15] 梁国仑.特种气体的贮运、应用、安全与特性——甲烷、氢、氮[J]. 低温与特气, 1997, (3): 67-72.
[16] 黄建杉. 工业气体手册[M]. 北京: 化学工业出版社, 2002: 132-266.
[17] 方治文. 高纯三氯化硼-11 的制备方法: 中国, 201410212121.2[P]. 2014-05-20.
[18] Mohanty R M, Balasubramanian K, Seshadri S K, et al. Multiphase formation of boron carbide in $B_2O_3$-Mg-C based micropyretic process[J]. Journal of Alloys and Compounds, 2007, 441(3): 85-93.
[19] 林爽. 低温前驱体裂解法合成碳化硼粉体的研究[D]. 哈尔滨: 哈尔滨工程大学, 2009.
[20] Jiang G J, Xu J Y, Zhuang H R, et al. Fabrication of $B_4C$ from $Na_2B_4O_7$ + Mg + C by SHS method[J].Ceram International, 2011, 37(5): 1689-1691.
[21] Ziittel A, Rentsch S, Fischer P, et al. Hydrogen storage properties of $LiBH_4$[J]. Journal of Alloys

and Compounds, 2003, 356-357(10): 515-520.

[22] Ziittel A, Wenger P, Rentsch S, et al. LiBH4 a new hydrogen storage material[J]. Journal of Power Sources, 2003, 118(1-2): 1-7.

[23] Ziittel A, Borgschulte A, Orimo S I. Tetrahydroborates as new hydrogen storage materials[J]. Scripta Materialia, 2007, 56(10): 823-828.

[24] Elliott J R, Boldebuck E M, Roedel G F. Preparation of diborane from lithium hydride and boron trihalide ether complexes[J]. Journal of the American Chemical Society, 1952, 74(20): 5047-5052.

[25] Kollonitsch J, Fuchs O, Gabor V. New and known complex borohydrides and some of their applications in organic syntheses [J]. Nature, 1954, 173(4394): 125-126.

[26] Brown H C, Choi Y M, Narasimhan S. Convenient procedure for the conversion of sodium-borohydride into lithium borohydride in simple ether solvents[J]. Inorganic Chemistry, 1981, 20(12): 4454-4456.

[27] Goerrig D. Deutsches Patent. Auslegungsschrift. DE000001077644A, 1960.

[28] Friedrichs O, Buchter R, Borgschulte A, et al. Direct synthesis of Li[BH"] and Li[BDd] from the elements[J]. Acta Materialia, 2008, 56: 949-954.

[29] Miwa K, Ohba N, Towata S, et al. First-principles study on lithium borohydride $LiBH_4$[J]. Physical Review B, 2004, 69(24): 245120.

[30] Orimo S, Nakamori Y, Kitahara G, et al. Dehydriding and rehydriding reactions of $LiBH_4$ [J]. Journal of Alloys and Compounds, 2005, 404-406: 427-430.

[31] Agresti F, Khandelwal A. Evidence of formation of $LiBH_4$ by high-energy ball milling of LiH and B in a hydrogen atmosphere [J]. Scripts Materialia, 2009, 60(9): 753-755.

[32] Friedrichs O, Borgschulte A, Kato S, et al. Low-temperature synthesis of $LiBH_4$ by gas-solid reaction[J]. Chemistry-a European Journal, 2009, 15(22): 5531-5534.

[33] Friedrichs O, Kim J W, Remhof A, et al. Core shell structure for solid gas synthesis of $LiBH_4$ [J]. Physical Chemistry Chemical Physics, 2010, 12(18), 4600-4603.

[34] Gremaud R, Borgschulte A, Friedrichs O, et al. Synthesis mechanism of alkali borohydrides by heterolytic diborane splitting [J]. Journal of Physical Chemistry C, 2011, 115(5): 2489-2496.

[35] 赵国辉, 张金彪, 黄晓磊, 等. 三氟化硼的制备[J]. 化学推进剂与高分子材料. 2011, 9(5): 44-48, 54.

[36] 朱心才. 电子级纯三氟化硼的研制[J]. 低温与特气, 1985, (3): 13-18.

[37] 唐湖. 介绍三氟化硼的实验室制法[J]. 化学通报, 1957, (7): 57-58.

[38] 勃劳尔. 无机制备化学手册(上册)[M]. 何泽人, 译. 北京: 燃料化学工业出版社, 1972.

[39] 于志红, 扬金平. 三氟化硼络合物的制备工艺方法: CN, 101525343A [P]. 2009-09-09.

[40] Chalieux J P, Pralus C. Generation of boron-trifluoride and sulphuric acid from boron trifluoride hydrate: US, 6641791 [P]. 2003-07-08.

[41] Leutner B, Reich Hans H. Preparation of pure boron trifluoride: US, 4830842A[P]. 1989-05-16.

[42] Pearson J H, walt S U D. Manufacture of boron trifluoride: US, 2416133[P]. 1947-02-18.

[43] 陈光华. 制备高纯三氟化硼的工艺方法及设备: CN, 101214970[P]. 2008-07-09.

[44] 一种硼化钙的制备方法[J]. 无机盐工业, 2014, 46(4): 66.

[45] 王仕林. 硼化锆的合成工艺研究[D]. 沈阳: 沈阳化工大学, 2018.
[46] 张颖, 宋胜东, 许珂洲, 等. 还原反应制备硼化铪粉体的研究[J]. 硅酸盐通报, 2014, 33(2): 436-439.

# 第6章 锂及其盐

随着我国经济的高速发展，锂产品的消费也在迅速增加，产品供不应求，国内外市场均出现不同程度的短缺，锂产品价格持续上涨。世界锂盐生产已由锂矿石转向盐湖卤水，我国矿石锂盐生产已面临严峻局面。目前盐湖锂资源已占地球锂资源的91%[1]。由于卤水提锂比矿石提锂工艺简单、生产成本低，资源丰富，所以卤水提锂在20世纪末已占据提锂工业的主导地位。卤水取代矿石提锂已成必然趋势，为迎接新能源和新材料时代的到来，开发利用我国盐湖资源，发展卤水提锂工艺势在必行[2,3]。

## 6.1 锂(Li)

### 6.1.1 物理性质

锂是最轻的金属元素，位于碱金属之首，属于化学元素周期表ⅠA族元素[3]。锂银白色，质软，是密度最小的金属，熔点为180.54℃，沸点1342℃，密度0.534g/cm$^3$，硬度0.6。锂是电位最负的金属，为−3.043V，也是电化当量最大的金属，为2.68A·h/g，因此锂组成的电池的比能最高。

### 6.1.2 化学性质

锂是一种稀有金属[4]，化学性质十分活泼，是唯一在常温下能与氮气反应的碱金属，在固体里矿、盐湖卤水矿中均以化合物的形式存在，无天然锂。

$$4Li + O_2 = 2Li_2O \text{（自发反应，或者加热，或者点燃，燃烧猛烈）}$$

$$6Li + N_2 = 2Li_3N \text{（自发反应，或者加热，或者点燃）}$$

$$2Li + S = Li_2S \text{（该反应放出大量热，爆炸）}$$

$$2Li + 2H_2O = 2LiOH + H_2\uparrow \text{（锂浮动在水面上，迅速反应，放出无色气体）}$$

$$2Li + 2CH_3CH_2OH(乙醇) = 2CH_3CH_2OLi(乙醇锂) + H_2\uparrow$$

$$4Li + TiCl_4 = Ti + 4LiCl$$

$$2Li + 2NH_3(l) = 2LiNH_2 + H_2\uparrow$$

$$2\text{Li} + \text{H}_2 \xrightarrow[\text{1atm}]{700\text{°C}} 2\text{LiH}$$

### 6.1.3 制备方法

#### 1. 矿石提锂技术

制取锂盐的方法主要有石灰法、硫酸法、硫酸盐法[5]，其主要工艺过程是将锂矿石加硫酸或硫酸盐、烧结石灰，溶解、过滤、提纯，制得成品。

以锂辉石为例提取锂的工艺过程为：开采、球磨粉碎、浮选富集、生产出锂精矿；改性后在 250℃条件下与硫酸混合反应生成硫酸锂；水中溶解过滤，加入苏打粉生成不溶性的碳酸锂固体，分离烘干即得到一次产品碳酸锂。

#### 2. 盐湖卤水提锂

常见的卤水提锂技术主要包括沉淀法、盐析法、溶剂萃取法、锻烧浸取法、离子交换(吸附)法等[6-10]。其中，锻烧浸取法和沉淀法已在工业上得到应用，离子交换法和溶剂萃取法尚处于研究阶段。

#### 3. 沉淀法

沉淀法又称盐梯度太阳池提锂，在淡水层与卤水层之间形成一定厚度的盐梯度层(起到阻止热量向上散发的"棉被"作用)，利用淡水与卤水的折射率不同，使太阳能量蓄存于池底。

#### 4. 锂化物的加工

锂资源，经初加工可制得碳酸锂、氯化锂、氢氧化锂等产品；深加工可得到锂基酯、氟化锂、金属锂、钴酸锂等深产品。

### 6.1.4 主要用途

因特殊的物理和化学性质，锂既可用作催化剂、引发剂和添加剂等，又可以用于直接合成新型材料以改善产品性能。应用领域广泛，被誉为"工业味精"；又由于锂具有各种元素中最高的标准氧化电势，因而是电池和电源领域无可争议的最佳元素，故也被称为"能源金属"[11-13]。锂主要以硬脂酸锂的形式用作润滑脂的增稠剂。氢氧化锂也是最重要的锂化合物之一，广泛应用于化工原料、化学试剂、锂离子电池、石油、冶金、玻璃、陶瓷等行业，同时也是国防工业、原子能工业和航天工业的重要原料[14-17]。因此，锂元素被誉为"推动世界前进的重要元素"。

## 6.2 氧化锂($Li_2O$)

### 6.2.1 物理性质

氧化锂(图 6.1)为白色粉末或硬壳状固体,离子化合物,密度为 2.013g/cm³,熔点为 1567℃(1840K),沸点为 2600℃,1000℃以上开始升华,它是第一主族(ⅠA)(碱金属)中各元素氧化物中熔点最高的,易潮解,溶于水,生成强碱性的 LiOH。

图 6.1 氧化锂

### 6.2.2 化学性质

(1) 氧化锂由锂在氧气中燃烧而产生。

$$4Li + O_2 = 2Li_2O$$

(2) 在空气中容易吸收水分和 $CO_2$ 从而变质成为 LiOH 和 $Li_2CO_3$。

$$Li_2O + H_2O = 2LiOH$$

$$Li_2O + CO_2 = Li_2CO_3$$

(3) 氧化锂与酸反应生成锂盐。高温下,氧化锂可以和许多金属氧化物和固态非金属氧化物反应。

$$xLi_2O + ySiO_2 = xLi_2O \cdot ySiO_2$$

(4) 硅、铝能把锂从它的氧化物中还原出来。

$$2Li_2O + Si \xrightarrow{\text{高温}} 4Li + SiO_2$$

### 6.2.3 制备方法

(1) 由金属锂直接在氧气中燃烧生成氧化锂:

## 第6章 锂及其盐

$$4Li + O_2 = 2Li_2O$$

(2) 可以在氦气流中加热过氧化锂至450℃得到氧化锂：

$$2Li_2O_2 = 2Li_2O + O_2\uparrow$$

(3) 在氢气气氛中将碳酸锂、硝酸锂或氢氧化锂加热到800℃制得氧化锂：

$$Li_2CO_3 = Li_2O + CO_2\uparrow$$

$$4LiNO_3 = 2Li_2O + 4NO_2\uparrow + O_2\uparrow$$

$$2LiOH = Li_2O + H_2O\uparrow$$

### 6.2.4 主要用途

氧化锂可用作光谱纯试剂；电池级氧化锂主要用于电池材料的制备；还被用于特种玻璃、陶瓷、医药等领域。

## 6.3 氢氧化锂(LiOH)

### 6.3.1 物理性质

氢氧化锂(图6.1)为白色单斜细小结晶，相对密度1.51，熔点471℃(无水)，沸点925℃(分解)；有腐蚀性，有辣味；具强碱性，在空气中能吸收二氧化碳和水分；溶于水，20℃时溶解度为12.8g，微溶于乙醇，不溶于乙醚。

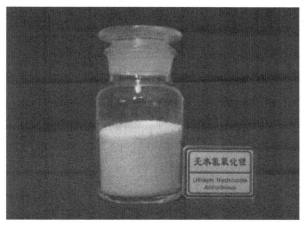

图6.2 氢氧化锂

### 6.3.2 化学反应

(1) 碱性反应。氢氧化锂可使紫色石蕊试液变蓝，使无色酚酞试液变红；而其浓溶液经实验验证,可以使酚酞变性,使溶液由红色变为无色(类似于浓NaOH)。

(2) 与酸中和:

$$HCl + LiOH = LiCl + H_2O$$

(3) 与酸性氧化物反应:

$$2LiOH + CO_2 = Li_2CO_3 + H_2O$$ (该反应在航天中用于吸收二氧化碳)

(4) 与金属盐溶液反应:

$$FeCl_3 + 3LiOH = Fe(OH)_3\downarrow + 3LiCl$$

### 6.3.3 制备方法

**1. 碳酸锂苛化法**

1819 年,瑞典化学家阿尔费德森提出了石灰苛化碳酸锂来制备氢氧化锂[18]。该法将碳酸锂和精制石灰乳按物质的量比 1∶1.08 混合,调节苛化液浓度为 18～20g/L,加热至沸腾并强力搅拌,控制苛化时间为 30min[19],经离心分离得到 $CaCO_3$ 沉淀以及浓度约 3.5%的 LiOH 母液,将母液蒸发浓缩、结晶干燥,制得单水氢氧化锂产品。

**2. 硫酸锂苛化法**

硫酸锂苛化法是将锂辉石精矿经 950～1100℃转型焙烧,250～300℃酸化焙烧处理后,中和浸取得到 8.5%硫酸锂浸出液。将其强制蒸发至浓度为 17%,根据浸取母液中锂含量加入对应理论量的烧碱溶液,冷冻至−10℃条件下析出芒硝($Na_2SO_4 \cdot 10H_2O$),冷冻料浆经离心脱水后,经深度除杂再强制蒸发,制得单水氢氧化锂产品[20]。

**3. 石灰石焙烧法**

石灰石焙烧法是将锂云母与石灰石按 1∶3 质量比混合细磨,送入回转窑在 850℃条件下焙烧 4h,通过浸取焙烧产物最终得到单水氢氧化锂产品[21]。该法在 20 世纪美国的桑勃拉伊特工厂和圣安东尼奥工厂以及我国宜春锂云母矿的开采中就有生产应用,经过多年的发展,生产工艺已较为成熟。

**4. 纯碱水热浸出法**

纯碱水热浸出法由加拿大阿香博等提出[22],该法按焙烧后 $\beta$-锂辉石中 $Li_2O$ 含量加入 3.5～7.0 倍的纯碱,在 200℃下加压浸出,经碳化除杂、精制石灰乳苛化，再过滤、蒸发结晶得到氢氧化锂产品。

5. 电解法

1) 氯化锂电解法

19世纪30年代，斯科利亚连科、萨哈罗夫等[4]以流动汞阴极电解LiCl溶液制取氢氧化锂，开启了最早阶段的LiCl电解研究。20世纪70年代兴起的离子膜电解法，被公认为最绿色经济的制碱方法。该法在阳极区加入锂含量为5%~7%的精制LiCl溶液，阴极区加入水或低浓度LiOH溶液，选取具有选择透过性的阳离子隔膜(如全氟磺酸膜R—$SO_3H$、全氟羧酸膜R—COOH以及全氟磺酸羧酸复合膜R—$SO_3H$/R—COOH)，实现阳离子的选择透过而对阴离子起限制作用，最终在阴极区生成质量分数约14%的氢氧化锂溶液。

2) 硫酸锂电解法

在多数矿石提锂的过程中，矿石中$Li_2O$以硫酸锂的形式被浸出。此外，也可直接将碳酸锂用硫酸酸化制得硫酸锂溶液。以硫酸锂溶液通过电解作用制得氢氧化锂，其原理与LiCl的电解类似，由于避免了阳极氯气的产生，是一种值得推广的方法。

3) 双极膜电渗析法

双极膜属于新型的复合离子交换膜，由阴、阳离子交换层以及中间界面层构成类"三明治"结构。在直流电场作用下，中间层将水解离，在膜两侧分别得到$H^+$和$OH^-$，搭配阴、阳离子交换膜构成双极膜电渗析系统，在不引入新组分的情况下，将溶液中的盐转化为相应的酸和碱[23]。

### 6.3.4 主要用途

目前氢氧化锂主要用于生产锂基润滑脂[24-26]、碱性蓄电池的电解液以及溴化锂制冷机吸收液，还可以作为生产其他锂盐制品的原料，在化工、国防、航空航天等领域也有广泛应用。

## 6.4 氢化锂(LiH)

### 6.4.1 物理性质

氢化锂(图6.3)为白色或带蓝灰色的半透明结晶体或粉末，极易潮解；熔点为680℃，相对密度为0.82，沸点为850℃；不溶于苯、甲苯，溶于醚。

图 6.3 氢化锂

## 6.4.2 化学性质

(1) 稳定性：不稳定。
(2) 禁配物：强氧化剂、酸类、醇类、水、卤素、空气、氧。
(3) 避免接触的条件：受热、潮湿空气。
(4) 聚合危害：不聚合。
(5) 常温下在干燥空气中能稳定存在，高温下则分解为氢和锂。

## 6.4.3 主要用途

氢化锂在有机合成中，用作缩合剂、还原剂、烷基化试剂、干燥剂，同时还是很好的储氢材料；军事上用作制备氢气来源；氢化锂中的氘化锂是氢弹中聚变氘元素的来源。

# 6.5 氮化锂($Li_3N$)

## 6.5.1 物理性质

氮化锂是一种金属氮化合物，为紫色或红色的晶状固体，在反射光下显浅绿色光泽，在透射光中呈红宝石色；熔点为 845℃，不溶于多数有机溶剂。

## 6.5.2 化学反应

(1) 氮化锂与水反应生成氢氧化锂和氨：

$$Li_3N(s) + 3H_2O(l) = 3LiOH(aq) + NH_3(g)$$

(2)氮化锂是超强碱，其碱性比负氢离子还要强，因此可以将氢去质子化：

$$Li_3N(s) + H_2(g) \Longrightarrow Li_2NH(s) + LiH(s)$$

氮化锂在氢气中加热时可相继得到氨基锂($LiNH_2$)、亚氨基锂($Li_2NH$)，最终转化为氢化锂，并放出氨。

### 6.5.3 主要用途

氮化锂可用作固体电解质，制备立方氮化硼，有机发光器件电子注入层。

## 6.6 碳酸锂($Li_2CO_3$)

### 6.6.1 物理性质

碳酸锂(图 6.4)，为无色单斜晶系结晶体或白色粉末，熔点为 723℃(分解温度为 1310℃)，相对密度为 2.11，微溶于水，溶于酸，不溶于乙醇、丙酮。

图 6.4 碳酸锂

### 6.6.2 化学性质

(1) 碳酸锂加热至 800℃时分解成氧化锂和二氧化碳。

$$Li_2CO_3 \xrightarrow{\Delta} Li_2O + CO_2 \uparrow$$

(2) 溶于酸。

$$Li_2CO_3 + 2H^+ \Longrightarrow 2Li^+ + H_2O + CO_2 \uparrow$$

### 6.6.3 制备方法

**1. Zintl-Harder-Dauth 法**

该方法采用乙酸将工业级碳酸锂溶解，依次用草酸铵、氢氧化钠和硫酸除去溶解液中的钙、镁和钡，将除杂后的溶液蒸干后再进行轻微灼烧，除去铵盐，再将得到的固体用盐酸溶解，并加入纯碳酸氢铵，便可沉淀出较高纯度的碳酸锂产品[28]。

$$Li_2CO_3 + 2CH_3COOH \longrightarrow 2CH_3COOLi + H_2O + CO_2 \uparrow$$

$$CH_3COOLi + HCl \longrightarrow LiCl + CH_3COOH$$

$$2LiCl + 2(NH_4)HCO_3 \longrightarrow Li_2CO_3 \downarrow + 2NH_4Cl + H_2O + CO_2 \uparrow$$

该提纯碳酸锂的工艺至今仍然应用广泛，但步骤繁杂，且容易引入新的杂质离子，所得碳酸锂纯度不太高。

2. 以氢氧化锂为原料的制备方法

1) 直接沉淀法

采用精制$(NH_4)HCO_3$作为沉淀剂时，将高纯LiOH溶液与精制$(NH_4)HCO_3$反应，制备出高纯碳酸锂，反应方程式如下：

$$2LiOH(aq) + (NH_4)HCO_3(aq) \longrightarrow Li_2CO_3(s) + NH_3(g) + 2H_2O(l)$$

采用尿素作为沉淀剂时，将高纯度的尿素加入精制的LiOH溶液中，加热到一定温度，尿素水解产生$CO_2$，从而与LiOH反应生成高纯碳酸锂。

$$CO(NH_2)_2 + 2LiOH =\!=\!= Li_2CO_3 \downarrow + 2NH_3 \uparrow$$

除了尿素，也可以采用$CO_2$作为直接沉淀剂来制备高纯碳酸锂，反应方程式如下：

$$2LiOH(aq) + CO_2(g) =\!=\!= Li_2CO_3(s) + H_2O$$

2) 纯化-沉淀法

(1) $CO_2$分步沉淀法。

向LiOH溶液中通入少量$CO_2$，将溶液中的$Ca^{2+}$、$Mg^{2+}$等离子以碳酸盐的形式沉淀出来，与$Li_2CO_3$共同析出，从而纯化LiOH；然后向过滤清液中通入$CO_2$，使LiOH与$CO_2$反应，获得高纯碳酸锂[29]。

(2) 重结晶法。

该方法是工业上常用的提纯LiOH的方法，该方法将LiOH溶液进行多次重结晶，将其中的杂质离子浓缩在母液中[30]，实现提纯。然后将纯化的LiOH与$CO_2$反应，从而最终得到高纯碳酸锂产品。

(3) 冷冻过滤法。

该方法是基于杂质盐类在LiOH溶液中的溶解度与温度呈正相关，在低温下过滤氢氧化锂溶液，从而提纯氢氧化锂，然后再将提纯后的氢氧化锂通过沉淀反应制备得到高纯度的碳酸锂产品。由于该方法设备投资较大,因此其工业化应用较少。

(4) 膜过滤法。

在该方法中,过滤操作是采用选择性过滤膜来实现的。将 LiOH 原料液用过滤膜过滤,得到高纯度的 LiOH 溶液,然后再将纯化后的 LiOH 与 $CO_2$ 反应制备出高纯碳酸锂[31]。该工艺操作方法简便易行,但对过滤膜有较高的要求。

3. 以工业级碳酸锂为原料的制备方法

工业级碳酸锂廉价易得,以其作为原料制备高纯度碳酸锂为最经济的方法[32]。

1) 碳化法

碳化法的原理是:以工业级碳酸锂为原料,使其与二氧化碳反应,最终生成碳酸氢锂溶液,再经除杂、化学反应等步骤,制备出高纯度的碳酸锂产品。该方法操作简便、研究广泛。碳化法又被具体分为碳化沉淀法和碳化分解法。

(1) 碳化沉淀法。该方法是向工业级碳酸锂浆料中通入 $CO_2$,浆料中的碳酸锂经过一定的反应时间逐渐溶解,过滤得到 $LiHCO_3$ 溶液,再将滤液进行离子交换、膜过滤等进行除杂[33,34],最后将除杂后的液体与纯净的 LiOH 溶液反应,生成碳酸锂沉淀物,从而得到高纯度的碳酸锂产品。这一过程充分利用了 $LiHCO_3$ 所释放出的 $CO_2$,能够有效提高产能和收率。整个过程的反应方程式为:

$$Li_2CO_3(s) + CO_2(g) + H_2O(l) \Longleftrightarrow 2LiHCO_3(aq)$$

$$LiHCO_3(aq) + LiOH(s) \Longleftrightarrow Li_2CO_3(s) + H_2O(l)$$

(2) 碳化分解法。该方法是向工业级碳酸锂浆料中通入 $CO_2$,将其碳酸化,然后将得到的 $LiHCO_3$ 溶液进行、搅拌加热、析出,再将反应后的混合液进行过滤、洗涤、烘干,得到高纯度的碳酸锂[35,36]。其反应方程式如下:

$$Li_2CO_3(s) + CO_2(g) + H_2O(l) \Longleftrightarrow 2LiHCO_3(aq)$$

$$2LiHCO_3(aq) \Longleftrightarrow Li_2CO_3(s) + CO_2(g) + H_2O(l)$$

2) 电解法

该方法是将工业级碳酸锂溶于无机酸,如盐酸或硫酸等,除杂后,将其应用于电解设备的阳极溶液,然后再将纯化后的 LiOH 溶液应用于电解设备的阴极溶液,在阴阳两极溶液的中间采用选择性透过膜来进行分隔,从而进行电解反应。整个电解反应过程如下。

阴极:

$$2Li^+ + 2H_2O + 2e^- \longrightarrow 2LiOH + H_2 \uparrow$$

阳极：

$$2H_2O \longrightarrow O_2\uparrow + 4H^+ + 4e^-$$

$$LiOH(aq) + CO_2(g) \longrightarrow Li_2CO_3(s)$$

3) 苛化法

用精制的石灰乳与粗碳酸锂以一定的配比进行反应，使粗碳酸锂中的杂质离子 $Ca^{2+}$ 和 $Mg^{2+}$ 分别结合成 $CaCO_3$ 及 $Mg(OH)_2$，从而达到除杂的目的。苛化过程中，需要对苛化的温度、石灰乳过量系数及苛化时间进行控制，获得理想的苛化效果。然后将苛化后生成的 LiOH 溶液过滤除去残渣，再进行降温、减压浓缩等操作，得到以结晶水形式析出的部分氢氧化锂，再向该溶液中通入高纯 $CO_2$，使其反应析出碳酸锂，最终得到高纯度的碳酸锂。苛化法提纯碳酸锂的整个过程中所涉及的反应为

$$Ca(OH)_2(aq) + Li_2CO_3(s) = 2LiOH(aq) + CaCO_3(s)$$

$$2LiOH(aq) + CO_2(g) = Li_2CO_3(s) + H_2O(l)$$

该方法需对反应条件进行严格的控制，如苛化反应时间、反应温度、石灰乳的纯度及其与粗级碳酸锂的配比等[37]。

### 6.6.4 主要用途

碳酸锂可用于制取各种锂的化合物、金属锂及其同位素；还可用于制备化学反应的催化剂；在半导体、陶瓷、电视、医药和原子能工业、锂离子电池中也有应用；在分析化学中用作分析试剂；在水泥外加剂里作为促凝剂。

## 6.7 钴酸锂 ($LiCoO_2$)

### 6.7.1 物理性质

钴酸锂为灰黑色粉末，是一种无机化合物。

### 6.7.2 化学性质

钴酸锂在酸性溶液中是强氧化剂，能将 $Cl^-$ 氧化为 $Cl_2$，将 $Mn^{2+}$ 氧化为 $MnO_4^-$。其在酸性溶液中的氧化还原电位比高铁酸弱一些，但远高于高锰酸。

## 6.7.3 制备方法

当前,制备钴酸锂的方法很多,主要包括固相法和液相法。其中,液相法能够在分子级水平上合成材料,所得产物粒径均一,混合均匀,具有固相法不具有的独特优点,是一类新兴的合成钴酸锂方法。但用液相法难以得到高密度的钴酸锂粉体,而且合成的钴酸锂粉体的电化学性能不够稳定,难以用于工业生产。

当前,工业化生产钴酸锂的主要方法是高温固相法,即将钴的化合物(主要是碳酸钴、硝酸钴或四氧化三钴等)与锂的碳酸盐、氢氧化物按化学计量比经充分研磨后,在适当气氛下进行高温固相反应[38,39]。高温固相法工艺操作简单,利于工业化进程,但存在固相颗粒混合不均匀、加热温度过高、产物颗粒形态不规则以及组成难以控制等缺点,易造成锂离子电池材料的电化学性能不够稳定[40]。为了克服高温固相法的混合不均匀,目前生产钴酸锂大多采用二次高温固相烧结工艺,即在第一次烧结的基础上再次烧结,同时升高温度,加速晶体长大,使得晶体结构缺陷得到完善。第一次烧结温度控制在800℃左右,目的是将料中的水分以及产生的$CO_2$逸出,并进行部分烧结反应。由于一次烧结产品硬度大,因此要经过粉碎后才能二次烧结。此时锂、钴两者的化合物充分接触而发生烧结反应,温度应控制在900℃以上[41]。

## 6.7.4 主要用途

主要用于制造手机和笔记本电脑及其他便携式电子设备的锂离子电池作正极材料。

## 参 考 文 献

[1] 汪敬亮. 卤水锂资源提锂现状[J]. 化工矿物与加工, 1999, (12): 1-5.
[2] 高世扬, 青海盐湖锂盐开发与环境[J]. 盐湖研究, 2000, 8(1): 17-23.
[3] 陈正炎, 古伟良, 陈富珍. 国内外盐湖卤水提锂方法及其发展[J]. 新疆有色金属, 1996, (1): 21-25.
[4] 何争珍. 氢氧化铝沉淀法提锂工艺研究[D]. 成都: 成都理工大学, 2012.
[5] 赵武壮. 我国锂资源的开发与应用[J]. 世界有色金属, 2008, (4): 38-40.
[6] 黄维农, 孙之南, 王学魁, 等. 盐湖提锂研究和工业化进展[J]. 现代化工, 2008, 28(2): 14-17, 19.
[7] 刘向磊, 钟辉, 唐中杰. 盐湖卤水提锂工艺技术现状及存在的问题[J]. 无机盐工业, 2009, 41(6): 4-6, 16.
[8] 张宝全. 柴达木盆地盐湖卤水提锂研究概况[J]. 海湖盐与化工, 2000, 29(4): 9-14.
[9] 郑春辉, 董殿权, 刘亦凡. 卤水锂资源及其开发进展[J]. 盐业与化工, 2006, 35(6): 38-42.

[10] 祝云军, 李文波. 西台吉乃尔湖晶间卤水兑卤盐析制取硫酸锂的研究[J]. 盐业与化工, 2006, 35(5): 3-4.

[11] 李惠萍. 最轻的金属——锂[J]. 金属世界, 1999, (2): 19.

[12] 冉建中. 世界有色金属工业现状[J]. 国家有色工业局规划发展司, 1999: 383-416.

[13] 刘建军. 我国锂工业的生产现状和发展对策[J]. 新材料产业, 2004, (5): 32-37.

[14] 杨仁武. 单水氢氧化锂及其锂盐生产技术[J]. 江西冶金, 1997, 17(5): 73-79.

[15] 周小菊, 彭吉中, 马声威, 等. 四川锂辉石生产单水氢氧化锂烧结条件研究[J]. 西南民族学院学报(自然科学报), 1995, 21(3): 299-303, 307.

[16] 游清治. 我国单水氢氧化锂质量的改进[J]. 世界有色金属, 1998, (10): 1-4.

[17] 宋士涛, 邓小川, 孙建之. 卤水制备氢氧化锂研究进展[J]. 盐湖研究, 2005, 13(2): 60-65.

[18] 奥斯特罗什科. 锂的化学与工艺学[M]. 曾华先, 译. 北京: 中国工业出版社, 1965.

[19] 袁小华, 卢宏. 再论锂盐生产的若干工艺问题[J]. 江西冶金, 2000, (4): 12-15, 25.

[20] 李良彬, 袁中强, 彭爱平, 等. 一种从锂辉石提锂制备单水氢氧化锂的方法: CN102701239A[P]. 2012-10-03.

[21] 冉建中. 采用锂云母-石灰石法生产锂盐的节能途径及效果[J]. 有色冶炼, 1995, (4): 36-41.

[22] 伍习飞. 宜春锂云母提锂工艺及机理研究[D]. 长沙: 中南大学, 2012.

[23] 汪锰, 王湛, 李政雄. 膜材料及其制备[M]. 北京: 化学工业出版社, 2003.

[24] 刘福, 杨志峰, 刘道芬. 锂基润滑脂的研制与应用[J]. 化学与黏合, 1995, (3): 157-159.

[25] 游清治. 我国锂工业近年来的新进展[J]. 世界有色金属, 2002, (7): 4-8.

[26] 徐世敏. 对我国润滑脂产量的调查与分析[J]. 石油商技, 2006, 24(1): 21-23.

[27] Harafuji Shiro, Yamazaki Nobuyuki. High-purity lithium carbonate and production thereof: JP 62252315[P]. 1987.

[28] 刘道杰. 大学实验化学[M]. 青岛: 中国海洋大学出版社, 2000: 69-71.

[29] Kawai Hiroyuki, Konose Yutaka. Method for manufacturing high purity lithium carbonate: JP 2004196607[P]. 1986.

[30] 周启立, 莫飞. 碳化法制备高纯碳酸锂[J]. 无机盐工业, 2012, 44(7): 36-37, 55.

[31] Aleksandrov A B, Mukhin V V, Shemjakina LV. Extra-high-purity lithium carbonate preparation method: RU 2243157[P]. 2004.

[32] Friedrich H, PfePFnger J, Leutner B. Method for producing highly pure lithium salts: US 6592832[P]. 2003.

[33] Amouzegar, et al. Process for the purification of lithium carbonate: US 6048507[P]. 2000.

[34] Harrison, Stephen, et al. Process for the purification of lithium carbonate: US 20010028871[P]. 2001.

[35] 王运其. 浅谈高纯碳酸锂的制备方法[J]. 新疆有色金属, 2009, 32(21): 92-93.

[36] 袁小华, 卢宏. 再论锂盐生产的若干工艺问题[J]. 江西冶金, 2000, 20 (4): 12-15, 25.

[37] 彭文杰, 李新海, 王云燕, 等. 固相合成条件对 $LiCoO_2$ 结构与形貌的影响[J]. 中南大学学报(自然科学版), 2004, 35(1): 59-64.

[38] 阎时建, 田文怀, 其鲁. 锂离子电池正极材料钴酸锂近期研利进展[J]. 兵器材料科学与工程, 2005, 28(1): 56-61.

[39] 蒋学先, 贾喜君, 何桂香. 湿化学方法合成 $LiCoO_2$ 的研究进展[J]. 湖南有色金属, 2007, 23(5): 34-36, 76.

[40] 周春仙, 徐徽, 陈白珍, 等. 微波法合成锂离子电池正极材料 $LiCoO_2$[J]. 材料导报, 2006, 20(Z1): 294-295, 302.

# 第 7 章 铷 和 铯

在自然界中，铷和铯的分布十分广泛，因其自身性质特点，二者相伴而生，与钾共生。铷、铯主要赋存于花岗伟晶岩、卤水和钾盐矿床中。如今，人们主要从花岗伟晶岩矿中开发铷和铯。通常铷和铯分别来源于锂云母和铯榴石；另外，盐湖卤水、海水及地热水中二者的含量也很高[1]。铷在自然界含量约为 0.028%，矿资源保有量相对较高，在地壳中元素丰度处于第 16 位。一些典型资源中铷的含量如下：钾丰度相对较高的钾长石中铷的含量约 3%，黑云母矿石中铷的含量大约为 4.1%，常见白云母矿物中铷的含量约为 2.1%，而从盐湖分离提取的钾盐中铷的含量在 0.2%左右。

我国铷资源总量虽然丰富，但其分布是非常分散的，单纯的含铷矿物至今仍未找到，其往往以伴生状态存在于同族元素的矿物中。光卤石中铷分布的特点是含量虽不是很高，但光卤石总储量较大；白云母中含铷约为 3.75%；海水中铷含量约为 0.12 g/t，且大部分地层水和盐湖卤水中也含有一定铷。宜春市的锂云母中铷的含量为 1.05%~1.25%，四川自贡市地下卤水里铷的含量也达到了工业应用价值[2]。我国大多数的卤水资源都伴生着一定量的铷，如湖北省的古地下卤水，西藏、青海省等地的盐湖。广东从化红坪山铷矿具备世界上稀有的全矿化岩体型矿床，铷以复杂化合物的形式存在于白云母、锂长石中，探测已知的氧化铷工业储量在 12 万 t 以上，其中 35%具有开采意义。青海地区的某些地热水中铷的含量也达到了单项开采利用标准。

赞比亚、美国、南非和纳米比亚等国铷储量丰富；加拿大的贝尔尼克湖的沉积物锂铯矿资源中含有大量的铷；据统计[3]，加拿大地区具备开采的铷资源储量达到了 2000 t。智利的 Salar de Atacama 卤水中探明发现铷的含量也极为丰富；而其他一些国家的含铷资源分布状况及储量都有待进一步探测。全球铷资源迄今仍没有具体的总储量统计数据，但按照目前国际上铷行业的发展趋势来看，如果中国、北美等地的铷资源能够得到合理的开发，那么可以满足全球铷需求。

## 7.1 铷(Rb)

### 7.1.1 物理性质

铷(图 7.1)是一种具有银白色金属光泽的稀有碱金属，含有杂质时略带黄色，质软而呈蜡状，其化学性质比钾活泼，具有较好的延展性和可塑性，易熔化。其原子序数为 37，原子量为 85.4678，常见化合价为+1，熔点为 39.3℃，沸点为 686℃，密度为 1.532g/cm³[4]。

图 7.1　铷

### 7.1.2　化学性质

铷的化学性质与钾、铯十分相似，但其活性比钾高，是除铯之外最正电性和强碱性元素。在自然界中，铷共有 $^{85}Rb$ (72.15%)和 $^{87}Rb$ (27.85%)两种天然同位素，后者具有放射性[5]。铷在光的照射下易放出电子，易与氧作用生成氧化物，在空气中可自燃，遇水起剧烈作用，生成氢气和氢氧化铷，同水甚至和低于−100℃的冰接触都能猛烈反应，由于遇水反应放出大量热，所以可使氢气立即燃烧。鉴于铷的活泼性，纯金属铷必须在隔绝空气条件下封存于煤油或液体石蜡中。

### 7.1.3　制备方法

用金属热还原法以钙还原氯化铷，用镁或碳化钙还原碳酸铷，均可制得金属铷。

### 7.1.4　主要应用

铷传统的应用主要在电子元件、专用玻璃、化学催化、医药等领域，而如今铷在热离子和磁流体发电、激光技术转换电能装置等前沿高科技领域中也展现了广阔的应用前景。

提取铷的化合物：主要方法有复盐沉淀法、溶剂萃取法、离子交换法等多种。中国自贡从卤水回收铷采用磷钼酸铵沉淀法。

长期以来，由于金属铷化学性质比钾还要活泼，在空气中能自燃，其生产、贮存及运输都必须严密隔绝空气，保存在液体石蜡、惰性气体或真空中，因而制约了其在一般工业应用领域的开发研究和大量使用。

近 15 年来，铷除了在一些传统的应用领域，如电子器件、催化剂及特种玻璃等，有了一定发展的同时，许多新的应用领域也不断出现，特别是在一些高科技领域，铷显示了广阔的应用前景。以下综述了铷及其化合物的一些特性在一些传统和高科技领域内的应用现状。

## 7.2 氯化铷(RbCl)

### 7.2.1 物理性质

氯化铷（图 7.2）为白色结晶性粉末，溶于水，微溶于醇，熔点 715℃，沸点 1383℃，水中溶解度 20℃时为 47.7%，100℃时为 58.1%。

图 7.2　氯化铷

### 7.2.2 主要用途

氯化铷可用于钠、铱、钛、锆和过氯酸盐的分析，还可用作钙还原、制备金属铷的原料及制备其他铷盐和同位素分离的原料。

## 7.3 铯(Cs)

铯位于元素周期表第六周期第ⅠA族(也可称之为第六周期第 1 列)。铯是一种略带金属光泽、质软、易延展的碱金属元素，原子序数 55，原子量 132.90543，元素名来源于拉丁文，原意是"天蓝"。1860 年，德国化学家本生和基尔霍夫在研究矿泉水残渣的光谱时发现铯,其因光谱上有独特的蓝线而得名[3]。

铯在地壳中的含量为百万分之七,主要矿物为铯榴石。铯拥有多种同位素,$^{133}$Cs、$^{134}$Cs、$^{135}$Cs、$^{137}$Cs 等,其中只有 $^{133}$Cs 是稳定存在的,其他均为放射性核素,来源于核反应过程。在碱金属族中,它具有最低的熔、沸点,最大的密度,最高的蒸气压,最强的正电性,最小的电离势和电子逸出功。金属铯的活性要强于铷,在一定的光照作用下,容易放出电子,具有优异的光电效应性能。

## 7.3.1 物理性质

铯是带淡金黄色的碱金属,非常柔软(它的莫氏硬度是所有元素中最低的),具有延展性。其熔点为 28.4℃,沸点为 678.4℃,密度为 1.8785g/cm$^3$。金属铯是没有放射性的,但是金属铯属于危险化学品,属遇湿易燃和自燃物品,使用时应小心。

## 7.3.2 化学性质

铯的化学性质极为活泼,在空气中生成一层灰蓝色的氧化物,不到 1 min 就可以自燃,发出深紫红色的火焰,生成很复杂的铯的氧化物。

铯在碱金属中是最活泼的,能和氧发生剧烈反应,生成多种铯氧化物。在潮湿空气中,氧化的热量足以使铯熔化并燃烧。铯不与氮反应,但在高温下能与氢化合,生成相当稳定的氢化物。铯能与水发生剧烈的反应,如果把铯放进盛有水的水槽中,马上就会发生爆炸。铯甚至和温度低到-116℃的冰也可发生猛烈反应产生氢气、氢氧化铯,生成的氢氧化铯是无放射性的氢氧化物中碱性最强的。铯与卤素也可生成稳定的卤化物,这是由其离子半径大所带来的特点。铯和有机物也会发生同其他碱金属相类似的反应,但它比较活泼。

铯盐跟钾盐、钠盐一样溶于所有盐溶液中。但是高氯酸盐不溶。

碘化铯与三碘化铋反应能生成难溶的亮红色复盐,此反应用来定性和定量测定铯;铯的火焰呈比钾深的紫红色,可用来检验铯。

化合物:铯在空气中氧化不仅得到氧化铯、过氧化铯,还得到超氧化铯、臭氧化铯等复杂的非整比化合物。

铯的盐通常是无色的,除非阴离子有颜色(如高锰酸铯是紫色的)。许多简单的盐具有潮解性,但比更轻的其他碱金属弱。铯的乙酸盐、碳酸盐、卤化物、氧化物、硝酸盐和硫酸盐可溶于水。复盐通常溶解度较小,硫酸铝铯溶解度较小的性质常用来从矿石中提纯铯。铯与锑、铋、镉、铜、铁和铅形成的复盐通常溶解度很小。

### 7.3.3 制备方法

铯可以用电解法和热还原法制备。但是由于对电极有强腐蚀性，工业上一般不用电解法。工业上由氯化铯高温用金属钙还原制取金属铯。

$$Ca + 2CsCl \xrightarrow{\triangle} 2Cs\uparrow + CaCl_2$$

### 7.3.4 主要应用

**1. 裂变产物**

长寿命的铯-137是铀-235的裂变产物。其半衰期30.17年，可辐射β射线和γ射线，用作β和γ辐射源，用于工农业和医疗。随着核燃料放射性废物储放的时间延长，其辐射的γ射线比例增加。

**2. 离子火箭**

为了探索宇宙，必须有一种崭新的、飞行速度极快的交通工具。一般的火箭、飞船都达不到这样的速度，最多只能冲出地月系；只有每小时能飞行十几万千米的"离子火箭"才能满足要求。

铯原子的最外层电子极不稳定，很容易被激发放射出来，变成为带正电的铯离子，所以是宇宙航行离子火箭发动机理想的"燃料"。铯离子火箭的工作原理：发动机开动后，产生大量的铯蒸气，铯蒸气经过离化器的"加工"，变成了带正电的铯离子，接着在磁场的作用下加速到150 km/s，从喷管喷射出去，同时给离子火箭以强大的推动力，把火箭高度推向前进。

计算表明，用这种铯离子作宇宙火箭的推进剂，单位质量产生的推力要比使用的液体或固体燃料高出上百倍。这种铯离子火箭可以在宇宙太空遨游一二年，甚至更久！

**3. 原子钟**

铯原子的最外层的电子绕着原子核旋转的速度，总是极其精确地在几十亿分之一秒的时间内转完一圈，稳定性比地球绕轴自转高得多。利用铯原子的这个特点，人们制成了一种新型的钟——铯原子钟，规定一秒就是铯原子"振动" 9192631770次（即相当于铯原子的两个超精细电子迁跃9192631770次）所需要的时间。这就是"秒"的最新定义。

利用铯原子钟，人们可以十分精确地测量出十亿分之一秒的时间，精确度和稳定性远远地超过世界上以前有过的任何一种表，也超过了许多年来一直以地球自转作基准的天文时间。有了像铯原子钟这类的钟表，人类就有可能从事更为精细的科学研究和生产实践，例如，对原子弹和氢弹的爆炸、火箭和导弹的发射以及宇宙航行等进行高度精确的控制，当然也可以用于远程飞行和航海。用铯作成的原子钟，可以精确地测出十亿分之一秒的一刹那，它连续运作 30 万年，误差也不超过 1s，精确度相当高；另外，铯在医学上、导弹上、宇宙飞船上及各种高科技行业中都有广泛应用。

## 7.4 氢氧化铯(CsOH)

### 7.4.1 物理性质

氢氧化铯为白色、灰色或黄色结晶，化学式 CsOH，分子量 149.91，相对密度 3.675，熔点 272.3℃。具有吸湿性，易溶于水，水溶液呈强碱性。氢氧化铯是已知的最强的碱，被称为碱中之王。热浓氢氧化铯溶液迅速与镍或银反应。氢氧化铯溶液置于铂容器中加热至 180℃脱水成一水合物，继续加热达 400℃可进一步脱水得无水物。氢氧化铯固体或溶液都可从空气中吸收二氧化碳。在高温下，氢氧化铯与一氧化碳反应生成甲酸铯、草酸铯及碳酸铯。

### 7.4.2 化学性质

(1) 氢氧化铯与镁或钙在氢气流中加热，均能生成铯和氢气，同时能生成氧化镁或氧化钙：

$$2CsOH + 2Mg = 2Cs + H_2 + 2MgO$$

(2) 氢氧化铯溶液与单质铝作用，能生成四羟基合铝(Ⅲ)酸铯和氢气：

$$2CsOH + 2Al + 6H_2O = 2Cs[Al(OH)_4] + 3H_2 \uparrow$$

(3) 氢氧化铯与氯气作用，不加热时生成次氯酸铯，加热时生成氯酸铯；同时均能生成氯化铯和水：

$$6CsOH + 3Cl_2 = CsClO_3 + 5CsCl + 3H_2O$$

(4) 氢氧化铯与碘作用，生成碘化铯、碘酸铯和水：

$$6CsOH + 3I_2 = 5CsI + CsIO_3 + 3H_2O$$

(5) 氢氧化铯与铁在高温下作用，生成单质铯、三氧化二铁和氢气。

$$6CsOH + 4Fe = 6Cs + 2Fe_2O_3 + 3H_2 \uparrow$$

(6) 氢氧化铯与下列酸作用，能生成相应酸的铯盐。

$$CsOH + HCN \xrightarrow{用醇处理} CsCN + H_2O$$

$$CsOH + H_2CO_3 =\!=\!= CsHCO_3 + H_2O$$

$$CsOH + H_3PO_4 =\!=\!= CsH_2PO_4 + H_2O$$

(7) 氢氧化铯与氢氧化铝作用，生成四羟基合铝(Ⅲ)酸铯：

$$CsOH + Al(OH)_3 =\!=\!= Cs[Al(OH)_4]$$

(8) 氢氧化铯与氯化物作用，均能生成氯化铯：

$$CsOH + NH_4Cl =\!=\!= CsCl + NH_3\uparrow + H_2O$$

(9) 氢氧化铯与下列氧化物作用，有不同的产物生成：

$$CsOH + CO_2 =\!=\!= CsHCO_3$$

$$2CsOH + SiO_2 =\!=\!= Cs_2[SiO_2(OH)_2]$$

$$CsOH + SO_2 =\!=\!= CsHSO_3$$

### 7.4.3 制备方法

氢氧化铯可由铯汞齐水解或由硫酸铯与氢氧化钡反应制取。

### 7.4.4 主要用途

氢氧化铯可用作重油脱硫的试剂，并用于制备低温下(可低至–50℃)使用的碱性蓄电池电解液和聚合反应的催化剂。

## 参 考 文 献

[1] 董普, 肖荣阁. 铯盐应用及铯(碱金属)矿产资源评价[J]. 中国矿业, 2005, 14(2): 30-34.
[2] 阎树旺, 唐明林, 邓天龙, 等. 卤水中铷铯的分离与提取[J]. 矿物岩石, 1993, 13 (2): 113-119.
[3] 蔡晓琳. 江陵凹陷卤水析盐规律及提铷技术研究[D]. 天津: 天津科技大学, 2014.
[4] 梁春江. 含铷铯白云石中铷和铯的提取研究[D]. 贵阳: 贵州大学, 2016.
[5] 赵琳. *t*-BAMBP 萃取铷的热力学、动力学及连续萃取放大试验[D]. 成都: 成都理工大学, 2016.

# 第8章 锶及其盐

锶的发现是从一种矿石开始的。大约在 1787 年间，欧洲一些展览会上展出了从英国苏格兰恩特朗蒂安(Strontian)地方的铅矿中采得的一种矿石，一些化学家认为它是一种萤石。

1790 年间，英国医生克劳福德研究分析了这种矿石，把它溶解在盐酸中，获得了一种氯化物，该物质在多方面和氯化钡的性质不同，其在水中的溶解度比氯化钡大，在热水中的溶解度又比在冷水中大得多。它和氯化钡的结晶形也不同。他认为其中可能存在一种新土(氧化物)。

此后不久，在 1791~1792 年间，英国化学家、医学家荷普再次研究了这种矿石，明确它是碳酸盐，但是与碳酸钡不同，肯定其中含有一种新土，就从它的产地 Strontian 命名它为 Strontia 锶土。他指出锶土比石灰和重土更易吸收水分，它在水中的溶解度很大，且在热水中的比在冷水中溶解的量大得多；并且指出它的化合物在火焰中为鲜红色，而钡的化合物在火焰中呈现绿色。

这样，在 1789 年拉瓦锡发表的元素表中就没有来得及把锶土排进去，戴维却赶上了。1808 年，戴维利用电解法，通过电解氧化锶和氧化汞混合物，分离出金属锶[1]，就命名为 Strontium，元素符号为 Sr。质量数为 90 的锶是铀 235 的裂变产物，半衰期为 28.1 年。锶的丰度为 $3.7 \times 10^{-2}$%[2]，居于第 15 位[3]。锶元素化学性质活跃，一般以化合态形式存在于自然界中。天青石($SrSO_4$)和菱锶矿($SrCO_3$)是锶最重要的矿物来源，工业上常用天青石通过热还原法获得锶的盐类化合物(碳酸锶、硝酸锶、钛酸锶等)[4]。锶素有"金属味精"之称，在一些有机材料中添加适量锶及其化合物可以改善其光、电、磁等方面性能。

我国是世界锶资源第一大国[5]，但在生产加工等方面依然存在着严重的问题。如何解决这些问题，维持国家锶资源保障，实现锶资源的可持续开发，是促进我国锶工业繁荣发展的一项重要课题。

## 8.1 锶(Sr)

### 8.1.1 物理性质

锶(图 8.1)是一种银白色软金属，属于碱土金属族元素，在元素周期表中与钙同族,锶与钙的元素性质相似,容易传热导电[6]。锶的密度 2.54g/cm³,熔点 769℃,沸点 1384℃。自然界存在 $^{84}Sr$、$^{86}Sr$、$^{87}Sr$、$^{88}Sr$ 四种稳定同位素。

图 8.1 锶

### 8.1.2 化学性质

(1) 锶加热到熔点 769℃时可以燃烧生成氧化锶,在加压条件下与氧气化合生成过氧化锶:

$$2Sr + O_2 \xrightarrow{\triangle} 2SrO$$

$$Sr + O_2 \xrightarrow{加压} SrO_2$$

(2) 锶与卤素、硫、硒等容易化合,常温时可以与氮化合生成氮化锶:

$$3Sr + N_2 = Sr_3N_2$$

(3) 锶加热与跟氢化合生成氢化锶($SrH_2$):

$$Sr + H_2 \xrightarrow{\triangle} SrH_2$$

(4) 锶与盐酸、稀硫酸剧烈反应放出氢气:

$$Sr + 2H^+ = Sr^{2+} + H_2\uparrow$$

(5) 锶在常温下跟水反应生成氢氧化锶和氢气:

$$Sr + H_2O = SrO + H_2\uparrow$$

锶在空气中会转黄色。由于锶很活泼,应保存在煤油中。锶离子的存在则使焰火呈鲜红色[7]。

### 8.1.3 制备方法

工业上从天青石矿中提取锶盐。常用热还原法,用铝还原氧化锶制备金属锶,或电解熔融的氯化锶和氯化钾制备金属锶。

### 8.1.4 主要用途

金属锶用于制造合金、光电管、照明灯。它的化合物用于制信号弹、烟火等。碳酸锶又称菱锶矿,用于提纯制造陶瓷永磁体的 Zn 清除 Pb 和 Cd,用作制造电视荧光屏,它是最重要的锶化合物。$Sr(NO_3)_2$ 用于烟火装置;SrO 用于铝的冶炼;Sr、$SrCl_2$ 用于修补牙齿;$Sr(OH)_2$ 早已用于磨拉石的提纯。

锶是人体不可缺少的微量元素之一,其与骨骼形成关系密切,人体内 99%的锶存在于骨骼,其促进骨骼的发育生长[7],影响神经肌肉的兴奋过程[8],改善心血管功能。锶的一些同位素($^{89}Sr$)具有放射性,因而锶在疼痛治疗中也发挥着重要作用[9]。

## 8.2 氯化锶($SrCl_2$)

氯化锶是无机盐的一种,是最常见的锶盐,水溶液显弱酸性(由于 $Sr^{2+}$ 的微弱水解),与其他锶化合物类似,氯化锶在火焰下呈红色,因此它被用于制造红色烟火。

### 8.2.1 物理性质

氯化锶为无色立方晶体,味苦,熔点 874℃,沸点 1250℃,密度 3.052g/cm³;易溶于水,微溶于乙醇、丙酮,不溶于四氯化碳、液氨[10];在空气中易潮解。

### 8.2.2 化学性质

(1) 氯化锶为离子化合物,在水中完全电离成 $Sr^{2+}$ 和 $Cl^-$:

$$SrCl_2 = Sr^{2+} + 2Cl^-$$

(2) 化学性质与 $BaCl_2$ 相似,但毒性较小,例如:

$$SrCl_2 + 2AgNO_3 = 2AgCl\downarrow + Sr(NO_3)_2$$

$$SrCl_2 + K_2SO_4 = SrSO_4\downarrow + 2KCl$$

(3) 其相应的沉淀反应:

$$SrCl_2 + Na_2CrO_4 = SrCrO_4 + 2NaCl$$

### 8.2.3 制备方法

氯化锶可由氢氧化锶或碳酸锶加入盐酸制备：

$$Sr(OH)_2 + 2HCl =\!=\!= SrCl_2 + 2H_2O$$

### 8.2.4 主要用途

氯化锶是制取其他锶化合物的前体，如铬酸锶；它被用来作为铝的缓蚀剂；偶尔用来作为烟火的红色着色剂；海水水族馆需要少量的氯化锶，用来提供某些浮游生物产生外骨骼；高纯六水氯化锶可用于制造高档磁性材料、电解金属钠的助熔剂、高档颜料和液晶玻璃，也可用于制药工业和日用化工，制造其他高纯锶盐如高纯碳酸锶等，具有很高的经济价值[11]。

## 8.3 溴化锶($SrBr_2$)

### 8.3.1 物理性质

溴化锶有无水物和六水合物两种。无水物是白色六方针状结晶，密度 $4.216g/cm^3$，熔点 643℃，溶于水、乙醇、戊醇。六水合物为无色六方结晶或白色结晶性粉末，溶于水、甲醇、乙醇，微溶于丙酮，不溶于乙醚，有潮解性，加热至 180℃失去结晶水变为无水物[12]。

### 8.3.2 制备方法

溴化锶由氢溴酸与碳酸锶在还原剂存在下反应制得。

### 8.3.3 主要用途

溴化锶在医药上用作镇静剂、镇静剂和分析试剂[12]。

## 8.4 碘化锶($SrI_2$)

### 8.4.1 物理性质

碘化锶为无色结晶体，密度 $2.672g/cm^3$，90℃分解，迅速加热至 120℃左右熔融。无水物密度为 $4.549g/cm^3$，熔点 515℃，易溶于水，溶于乙醇，不溶于乙醚。

### 8.4.2 制备方法

碘化锶由碳酸锶与氢碘酸作用经浓缩冷却而得。

### 8.4.3 主要用途

碘化锶可用作药物和中间体。

## 8.5 硫酸锶($SrSO_4$)

### 8.5.1 物理性质

硫酸锶(图 8.2)是一种白色粉末,密度 $3.96g/cm^3$,熔点 1605℃,微溶于水、硝酸、盐酸、氯化碱溶液、浓酸,不溶于乙醇和稀硫酸。

图 8.2 硫酸锶

### 8.5.2 化学性质

硫酸锶在紫外线照射下有时显荧光,火焰呈深紫红色。

### 8.5.3 制备方法

硫酸锶可用天青石净化法制备,也可采用可溶性锶盐与硫酸盐反应制备。

### 8.5.4 主要用途

硫酸锶由于燃烧能产生鲜艳的深紫红色火焰,所以常用于烟火生产,另外在油漆、涂料等的填料及陶瓷的上光剂等方面有广泛应用,作为热致和电致发光材料在敏感性等方面较 $CaSO_4$ 和 SrS 有较大程度的改善[13]。

## 8.6 碳酸锶(SrCO₃)

### 8.6.1 物理性质

碳酸锶（图 8.3）是一种白色粉末或颗粒，无臭，无味，熔点 1497℃，密度 3.7g/cm³，易溶于氯化铵、硝酸铵溶液，难溶于水，微溶于氨水、碳酸铵和 $CO_2$ 饱和水溶液，不溶于醇。

图 8.3 碳酸锶

### 8.6.2 制备方法

1. 复分解法[14]

硝酸锶[$Sr(NO_3)_2$]与碳酸盐(如 $NH_4HCO_3$)反应的方程式为：

$$Sr(NO_3)_2 + 2NH_4HCO_3 = SrCO_3\downarrow + CO_2\uparrow + 2NH_4NO_3 + H_2O$$

2. 碳还原法[15,16]

$$SrSO_4 + 2C = SrS + 2CO_2\uparrow$$

$$2SrS + 2H_2O = Sr(OH)_2 + Sr(HS)_2$$

$$Sr(OH)_2 + Sr(HS)_2 + 2NH_4HCO_3 = 2SrCO_3 + 2NH_4HS + 2H_2O$$

3. 酸溶、碱析法

将矿石破碎，经酸解制得溶液，再经除钙、除钡、除铁、碳酸化等工序可一次制得碳酸锶纯品[17]。

4. 焙烧法[18,19]

焙烧法的具体做法为：先将原料中所含的锶转变成碳酸锶，然后分离出粗制碳酸锶，将其焙烧成氧化锶，接着使其转变成氢氧化锶。将分离出的粗制氢氧化锶熔解，并进行碳酸化处理，得到纯度为99.9%以上的碳酸锶，锶回收率在90%以上[20]。

$$SrCO_3 = SrO + CO_2 \uparrow$$
$$SrO + H_2O = Sr(OH)_2$$
$$Sr(OH)_2 + NH_4HCO_3 = SrCO_3 \downarrow + NH_3 \cdot H_2O + H_2O$$

5. 乙酸锶法

乙酸锶法是一种传统的方法，工业碳酸锶用过量的无机酸溶解，经硫酸除钡等一系列精制过程后，用工业碳酸氢铵成盐，沉淀出接近试剂纯度的碳酸锶，此碳酸锶经高纯水洗涤后用高纯乙酸溶解，冷却结晶出乙酸锶[20,21]。

6. 综合利用法

$$SrCl_2 + 2NaOH = Sr(OH)_2 + 2NaCl$$
$$Sr(OH)_2 + NH_4HCO_3 = SrCO_3 \downarrow + NH_3 \cdot H_2O + H_2O$$

### 8.6.3 主要用途

碳酸锶主要用于小型化高品质电子元件如压电陶瓷、MFC 压敏电阻/电容复合元件、PTC 电阻和发光材料、高性能磁性材料、超导材料、光学玻璃、等离子电视的生产[22-24]。碳酸锶作为钯的载体，可作加氢之用。此外，还用于造纸、医药、分析试剂，以及糖的精制、金属锌电解液的精制、锶盐颜料制造等[25]。

## 8.7 硝酸锶[$Sr(NO_3)_2$]

### 8.7.1 物理性质

硝酸锶(图 8.4)为白色结晶或粉末，相对密度 2.990，熔点 570℃，低温结晶时含 4 分子结晶水。溶于 1.5 份水，水溶液呈中性，微溶于乙醇和丙酮。

### 8.7.2 化学性质

硝酸锶有强氧化性，与有机物摩擦或撞击能引起燃烧或爆炸。

图 8.4 硝酸锶

### 8.7.3 制备方法

主反应：$SrCO_3 + 2HNO_3 = Sr(NO_3)_2 + H_2O + CO_2 \uparrow$

除钡反应：硫酸可与硝酸钡直接反应生成沉淀去除。

$$Sr(NO_3)_2 + H_2SO_4 = SrSO_4 + 2HNO_3$$

$$SrSO_4 + Ba(NO_3)_2 = Sr(NO_3)_2 + BaSO_4 \downarrow$$

除铁反应：

$$2Fe^{2+} + H^+ + NO_3^- = 2Fe^{3+} + NO_2^- + OH^-$$

$$Fe^{3+} + 3OH^- = Fe(OH)_3 \downarrow^{[26]}$$

### 8.7.4 主要用途

硝酸锶可用作分析试剂、电子管阴极材料、焰火、信号弹、火焰筒、火柴、电视显像管和光学玻璃，也可用于医药。

## 8.8 氯酸锶[$Sr(ClO_3)_2$]

### 8.8.1 物理性质

氯酸锶(图 8.5)为无色或白色结晶粉末，密度 3.152g/cm³，熔点 120℃，溶于水，微溶于乙醇。

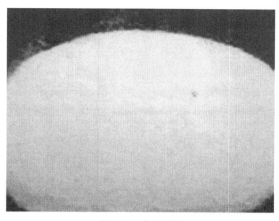

图 8.5 氯酸锶

## 8.8.2 化学性质

氯酸锶为强氧化剂,加热至熔点分解释放氧气,与有机物共热或敲击即爆炸。

## 8.8.3 制备方法

将氯酸钠溶液加入反应器中,加入无水氯化锶溶液加热进行复分解反应,生成氯酸锶和氯化钠,过滤除去氯化钠,把滤液适当蒸发浓缩,冷却结晶,离心分离,制得氯酸锶。其化学反应方程式为

$$2NaClO_3 + SrCl_2 = Sr(ClO_3)_2 + 2NaCl$$

## 8.8.4 主要用途

氯酸锶可用于制造红色烟火。

# 8.9 溴酸锶[$Sr(BrO_3)_2$]

## 8.9.1 物理性质

溴酸锶为无色至微黄色结晶,密度 3.77g/cm³,熔点 120℃,沸点 240℃。溶于水。

## 8.9.2 化学性质

(1) 加热至熔点失去结晶水:

$$Sr(BrO_3)_2 \cdot 2H_2O \underset{\Delta}{\overset{120℃}{=\!=\!=}} Sr(BrO_3)_2 + 2H_2O$$

(2) 加热至沸点分解为氧化锶和溴化氢。

$$Sr(BrO_3)_2 \cdot 2H_2O \xrightleftharpoons[\Delta]{240℃} SrO + HBr \uparrow$$

### 8.9.3 制备方法

(1) 由氢氧化锶或氧化锶与溴酸反应制得：

$$Sr(OH)_2 + 2HBrO_3 = Sr(BrO_3)_2 + 2H_2O$$

(2) 碳酸锶溶解于溴酸：

$$SrCO_3 + 2HBrO_3 = Sr(BrO_3)_2 \cdot H_2O + CO_2 \uparrow$$

### 8.9.4 主要用途

碳酸锶可用作氧化剂。

## 8.10 氟化锶($SrF_2$)

### 8.10.1 物理性质

氟化锶（图 8.6）为无色立方晶系结晶粉末，密度 $4.24g/cm^3$，熔点 1473℃，沸点 2489℃，溶于热盐酸，微溶于水，不溶于氢氟酸、醇。

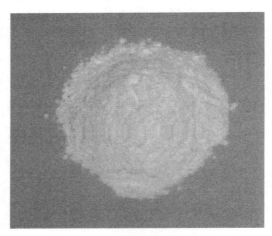

图 8.6 氟化锶

### 8.10.2 制备方法

氟化锶可由碳酸锶和氢氟酸相互作用的中和法制得，也可由锶盐与碱金属氟化物复分解而制得。

### 8.10.3 主要用途

氟化锶是碱土金属氟化物的重要成员之一,具有良好的光学性能、阴离子导电性能和机械性能,在微电子、光电子、矿物学、光学以及生物学等领域应用广泛[27]。

## 参 考 文 献

[1] 张祖德. 无机化学[M]. 合肥: 中国科学技术大学出版社, 2008.
[2] 宋天佑, 徐家宁, 程功臻. 无机化学(下册)[M]. 北京: 高等教育出版社, 2004.
[3] Greenwood N N, Eonnshaw A. 元素化学(上册)[M]. 曹庭礼, 王致勇, 张弱非, 等, 译. 北京: 高等教育出版社, 1997: 166.
[4] 韩松昊, 税鹏, 余超, 等. 中国锶资源现状及可持续发展建议[J]. 科技通报, 2018, 34(1): 1-5.
[5] 聂华, 谢卫东, 徐溢, 等. 锶的分析技术进展[J]. 冶金分析, 2006, 26(6): 32-35.
[6] 刘欢欢, 张旭. 锶对骨生成的影响及其应用的研究进展[J]. 天津医科大学学报, 2019, 25(5): 548-551, 封3.
[7] 天津大学无机化学教研室.无机化学[M]. 4版. 北京: 高等教育出版社, 2010.
[8] 任艳丽, 王建林. 锶的生物学效应研究进展[J]. 北京联合大学学报, 2018, 32(1): 44-49.
[9] Kuroda I. Strontium-89 for prostate cancer with bone metastases: the potential of cancer control and improvement of overall survival [J]. Annals of Nuclear Medicine, 2014, 28(1): 11-16.
[10] 魏坤浩. 氯化锶/膨胀石墨复合吸附剂的优化制备及吸附特性研究[D]. 济南: 山东大学, 2018.
[11] 程忠俭, 常玉普, 王连毅. 高纯六水氯化锶的制备工艺研究[J]. 无机盐工业, 2010, 42(11): 46-47.
[12] 刘乾. 五元体系 $Na^+$, $K^+$, $Mg^{2+}$, $Sr^{2+}//Br^-$ $H_2O$ 及相关子体系在298K相平衡研究[D]. 成都: 成都理工大学, 2016.
[13] 李彩虹, 刘进荣, 张跃征, 等. 单分散纳米硫酸锶粉体的制备[J]. 化工学报, 2004, 55(1): 116-120.
[14] 陈英军, 韩海霞, 王爱广. 复分解法制备高纯碳酸锶的研究[J]. 无机盐工业, 2005, 37(3): 29-31.
[15] 郑仕远, 孙宁, 吴永夏. 碳还原法生产碳酸锶产品色泽初探[J]. 无机盐工业, 1992, (1): 42-31.
[16] 刘鸿健, 王国力, 余本科. 碳酸锶碳化工艺改进研究[J]. 化工时刊, 1997, (6): 29-31.
[17] 刘鹏先, 雷贞桂. 用酸法从菱锶矿制备碳酸锶[J]. 化学世界, 1990, (5): 12-13.
[18] 张进, 廖嘉陵. 菱锶矿加工碳酸锶焙烧过程的研究[J]. 无机盐工业, 1992, (5): 26-28.
[19] 王典池. 四川铜梁菱锶矿热法制碳酸锶工艺初探[J]. 陕西化工, 1989, (6): 29-30.
[20] 刘祥丽, 陈学玺. 碳酸锶生产方法及前景[J]. 化工矿物与加工, 2002, 31(12): 25-28.
[21] 陈鸿彬. 高纯碳酸锶制备[J]. 化学世界, 1990, 31(6): 245-248.
[22] 王树轩, 黄宁. 高纯碳酸锶生产方法[J]. 陕西化工, 1999, 28(2): 7-9.

[23] 王小华. 青海省锶产品发展思考[J]. 盐湖研究, 2011, 19(2): 59-62.
[24] 邹兴武, 段东平, 王树轩, 等. 球形碳酸锶制备研究进展[J]. 盐湖研究, 2015, 23(3): 63-67.
[25] 姜友喜, 谭崇俊, 万球菊. 用碳酸铵和硝酸锶合成碳酸锶[J]. 湖南化工, 1987, (2): 60.
[26] 程忠俭, 郭娜, 张娟. 高纯硝酸锶的工艺研究[J]. 无机盐工业, 2011, 43(1): 43-44.
[27] 王婧姝, 王知贺, 胡廷静, 等. 单分散氟化锶纳米晶粒的可控制备及表征[J]. 吉林师范大学学报(自然科学版), 2015, 36(4): 34-37.

# 第 9 章 卤 素

## 9.1 氯

大气层中存在着游离状态的氯，氯是造成臭氧空洞的主要物质之一。氯气在紫外线下分解成两个氯自由基。通常情况下，氯大多以离子的形式存在，如氯化物型盐湖中常以氯化钠的形式存在。

### 9.1.1 理化性质

氯是一种活泼非金属元素，卤族元素之一。气态氯单质俗称氯气，液态氯单质俗称液氯。氯气常温常压下为黄绿色气体，有强烈的刺激性气味，化学性质十分活泼，具有毒性。氯以化合态的形式广泛存在于自然界当中，对人体的生理活动也有重要意义。氯气的密度为 $1.41g/cm^3$，熔点$-101.0$℃，沸点$-34.4$℃。氯气分子由两个氯原子组成，微溶于水，易溶于碱液，易溶于四氯化碳、二硫化碳等有机溶剂。

氯气具有强氧化性，能与大多数金属和非金属发生化合反应。氯气遇水歧化为盐酸和次氯酸，次氯酸不稳定易分解放出游离氧，次氯酸具有漂白性(比 $SO_2$ 的漂白性强且加热不恢复原色)。氯气也能和很多有机物发生加成或取代反应，在生活中有广泛应用。氯气具有较大的毒性，曾被用作军用毒气。

### 9.1.2 主要用途

氯主要用于化学工业尤其是有机合成工业上，以生产塑料、合成橡胶、染料及其他化学制品或中间体，还用于漂白剂、消毒剂、合成药物等。氯气也用作制造漂白粉、漂白纸浆和布匹、合成盐酸、制造氯化物、饮水消毒、合成塑料和农药等。提炼稀有金属等方面也需要许多氯气。

氯是人体必需常量元素之一，是维持体液和电解质平衡所必需的，也是胃液的一种必需成分，主要生理功能如下。

(1) 维持体液酸碱平衡。

(2) 氯离子与钠离子是细胞外液中维持渗透压的主要离子，二者约占总离子数的 80%左右，调节与控制着细胞外液的容量和渗透压。

(3) 参与血液二价离子运输。

(4) 氯离子还参与胃液中胃酸形成，胃酸促进维生素 $B_{12}$ 和铁的吸收；激活唾液淀粉酶分解淀粉，促进食物消化；刺激肝脏功能，促使肝中代谢废物排出；氯还有稳定神经细胞膜电位的作用等。

## 9.2 溴

溴元素在自然界中基本没有单质状态存在。它的化合物常与氯的化合物混杂在一起，但是数量少得多，一些矿泉水、盐湖水(如死海)和海水中含有溴。盐湖卤水和海水是提取溴的主要来源。制盐工业的废盐液直接电解可得溴。整个大洋水体的溴储量可达 100 万亿 t。地球上 99%的溴元素以 $Br^-$ 的形式存在于海水中，所以人们也把溴称为"海洋元素"。

### 9.2.1 理化性质

溴是唯一在室温下呈现液态的非金属元素，并且是周期表上在室温或接近室温下为液体的六个元素之一，为深红棕色发烟挥发性液体。溴有刺激性气味，在空气中迅速挥发，其烟雾能强烈地刺激眼睛和呼吸道。溴易溶于乙醇、乙醚、氯仿、二硫化碳、四氯化碳、浓盐酸和溴化物水溶液，可溶于水。溴的熔点是–7.2℃，沸点是 58.76℃，密度是 $3.119 g/cm^3$。

溴在化学元素周期表中位于第 4 周期、第ⅦA 族，是一种强氧化剂，它会和金属和大部分有机化合物产生激烈的反应，若有水参与则反应更加剧烈。溴是一种卤素，它的活性小于氯但大于碘。溴和金属反应会产生金属溴盐及次溴酸盐(有水参与时)，和有机化合物则可能产生磷光或萤光化合物。溴对大多数金属和有机物组织均有侵蚀作用，甚至包括铂和钯，与铝、钾等作用发生燃烧和爆炸。溴很容易与其他原子键结。溴最外层电子为 $4s^2 4p^5$，有很强的得电子倾向，是电负度最大的元素之一，因此具有较强的氧化性。

溴单质能与大部分单质化合，部分需要加热或其他条件。氢与溴在含铂的石棉或硅胶催化下，加热至 200～400℃可以化合为溴化氢。溴可以把磷(0)氧化为磷(+3)：

$$3Br_2 + 2P \longrightarrow 2PBr_3$$

生成的三溴化磷为液体，掺杂着部分五溴化磷。

溴与一氧化碳反应，可得到碳酰溴：

$$CO + Br_2 \longrightarrow COBr_2$$

与氨反应，生成溴化铵与氮气：

$$3Br_2 + 8NH_3 == 6NH_4Br + N_2$$

溴可以置换出水中的一些非金属阴离子，如溴与硫离子的反应：

$$8Br_2 + 8S^{2-} == 16Br^- + S_8$$

溴蒸气与氟气混合，或者是将氟气通入液溴中，可以得到三氟化溴：

$$Br_2 + 3F_2 == 2BrF_3$$

氟气过量则生成五氟化溴：

$$BrF_3 + F_2 == BrF_5$$

溴在水中及碱溶液中容易歧化，在水中反应为

$$Br_2 + H_2O == HBrO + HBr$$

在 0℃ 及以下的低温碱溶液中发生的反应的离子方程式为

$$Br_2 + 2OH^- == BrO^- + Br^- + H_2O$$

在 50℃ 及以上的高温碱溶液主要发生的反应的离子方程式为

$$3Br_2 + 6OH^- == BrO_3^- + 5Br^- + 3H_2O$$

在紫外线或 250~400℃下，将溴与烷烃或者烯烃($\alpha$-H)或者甲苯混合，会发生自由基取代反应，反应将烷烃、烯烃、甲苯上的氢取代为溴。溴发生自由基取代反应时，3°碳、2°碳、1°碳之间的反应活性相差非常大，选择性较好，得到的产物较为纯净。

在极性溶剂中，溴易发生异裂，生成溴离子，发生离子型反应，如溴与烯烃的加成。苯(用溴化铁做催化剂)和纯溴的取代反应，不用催化剂反应很慢，用铁做催化剂时，不需加热，即可发生反应，该反应是放热反应。

乙醇可与溴化氢发生取代反应：

$$C_2H_5OH + HBr == C_2H_5Br + H_2O$$

醛与溴在碱的催化下或者在酸性条件下由于羰基的作用，醛的 $\alpha$-氢变得异常活泼而被溴取代，生成 $\alpha$-溴代醛和溴化氢，而且往往 $\alpha$-氢趋向于全部被取代，例如：

$$CH_3CHO + Br_2 == Br-CH_2-CHO + HBr$$

### 9.2.2 制备方法

1) 工业制备

使用氯气处理富含溴的卤水来制备溴，空气吹出法是工业上制备溴素的主要方法。由于溴单质难保存且商业用途不大，人们不会一次性大量去制备它。

氯气通入 pH 为 3.5 的海水中(置换反应)：

$$Cl_2 + 2Br^- = Br_2 + 2Cl^-$$

用压缩空气吹出 $Br_2$，并在碱性环境下歧化：

$$3Br_2 + 3CO_3^{2-} = 5Br^- + BrO_3^- + 3CO_2\uparrow$$

浓缩溶液，在酸性环境下逆歧化：

$$5Br^- + BrO_3^- + 6H^+ = 3Br_2 + 3H_2O$$

2) 实验室制备

将氢溴酸与过氧化氢混合，溶液就会变为橙红色(有溴生成)，这时将其蒸馏就得到纯度很高的液溴，反应方程式：

$$2HBr + H_2O_2 = Br_2 + 2H_2O$$

该反应放热，要注意控制其温度。溴可以腐蚀橡胶制品，所以在进行有关溴的实验时要避免使用胶塞和胶管。

在实验室里，也可以加热溴化钾-溴酸钾与浓硫酸的混合物并蒸馏来制溴单质。

$$5KBr + KBrO_3 + 3H_2SO_4 = 3Br_2 + 3H_2O + 3K_2SO_4$$

### 9.2.3 主要用途

溴及其化合物可被用来作为阻燃剂、净水剂、杀虫剂、染料等。

## 9.3 碘

碘的丰度在元素周期表中占 47 位，在自然界中通常以碘酸盐、碘化物等其他化合物的形式存在，而非碘单质。海水、油田水、天然气卤水和盐湖卤水是富含碘的资源，海水中碘的浓度为 0.06 ppm。

### 9.3.1 理化性质

碘是一种紫黑色有光泽的片状晶体。碘具有较高的蒸气压，在微热下即升华，纯碘蒸气呈深蓝色，若含有空气则呈紫红色，并有刺激性气味。碘的密度是 $4.933g/cm^3$，熔点是 113.7℃，沸点是 184.3℃，碘易溶于许多有机溶剂中，如氯仿、四氯化碳。碘在乙醇和乙醚中生成的溶液显棕色。碘在介电常数较小的溶剂(如二硫化碳、四氯化碳)中生成紫色溶液，在这些溶液中碘以分子状态存在。碘在水中的溶解度虽然很小，但在碘化钾KI或其他碘化物溶液中溶解度却明显增大。

碘的化学性质不如同族元素 $F_2$、$Cl_2$、$Br_2$ 活泼，但在化学反应中它也可以表现出由 –1 到 +7 的多种氧化态，它的化学性质可以概括为以下几个方面。

$$I_2 + I^- \longrightarrow I_3^-$$

在这个平衡中，溶液里总有单质碘的存在，因此许多碘化钾溶液的性质与碘溶液相同。碘分子会与淀粉生成蓝色络合物，但碘离子则否。

碘与金属的反应：

一般能与氯单质反应的金属(除了贵金属)同样也能与碘反应，只是反应活性不如氯单质。例如，碘单质常温下可以和活泼的金属直接作用，与其他金属的反应需要在较高的温度下才能发生。

$$I_2 + 2Na \longrightarrow 2NaI$$

碘与非金属的反应：

一般能与氯单质反应的非金属同样也能与碘的单质反应，由于碘单质的氧化能力较弱，反应活性不如氯，所以需要在较高的温度下才能发生反应。例如，它与磷作用只生成三碘化磷。

$$3I_2 + 2P \longrightarrow 2PI_3$$

碘与水的反应：

(1) 属卤素与水的反应类型，在水中会发生自身氧化还原反应。

(2) 碘在水中的溶解度很小，仅微溶于水，溶解度是 0.0029g。$I_2$ 与水不能发生像 $F_2$ 与水发生的氧化还原反应。将氧气通入碘化氢溶液内会有碘析出。

$$4HI + O_2 \longrightarrow 2I_2 + 2H_2O$$

$I_2$ 在碱性条件下，$I_2$ 可以发生自身氧化还原反应，生成碘酸根与碘离子：

$$3I_2 + 6OH^- \longrightarrow 5I^- + IO_3^- + 3H_2O$$

这是由于溶液中不存在次碘酸根 $IO^-$。在任何温度下，$IO^-$ 都迅速发生自身氧化还原反应生成 $I^-$ 和 $IO_3^-$。

### 9.3.2 制备方法

利用碘在有机溶剂中的易溶性，可以把它从溶液中分离出来。

可从海藻、油井盐水和硝石生产的母液中提取碘。将含有 0.001%～0.01%碘化物的水溶液，用硫酸酸化至 pH 2.3～2.5，然后用氯气或亚硝酸钠氧化碘化物为碘，用活性炭吸附碘至饱和，再用氢氧化钠将碘溶解，生成碘化钠和碘酸钠溶液，再通入氯气得到碘。

碘的制备一般有两种方法。

1. 由 $I^-$ 制备 $I_2$

$I^-$ 具有较强的还原性，很多氧化剂如 $Cl_2$、$Br_2$、$MnO_2$ 等在酸性溶液中都能将碘离子氧化成碘单质：

$$Cl_2 + 2NaI \longrightarrow 2NaCl + I_2$$

$$2NaI + 3H_2SO_4 + MnO_2 \longrightarrow 2NaHSO_4 + MnSO_4 + I_2 + 2H_2O$$

第二个方程式是自海藻灰中提取碘的主要反应，析出的碘可用有机溶剂来萃取分离。在该反应中，要避免使用过量的氧化剂，以免单质碘进一步被氧化为高价碘的化合物：

$$I_2 + 5Cl_2 + 6H_2O \longrightarrow 2IO_3^- + 10Cl^- + 12H^+$$

2. $IO_3^-$ 的还原

大量碘的制取来源于自然界的碘酸钠，用还原剂亚硫酸氢钠 $NaHSO_3$ 使 $IO_3^-$ 离子还原为单质碘：

$$2IO_3^- + 5HSO_3^- \longrightarrow 3HSO_4^- + 2SO_4^{2-} + H_2O + I_2$$

实际上，上述反应是先用适量的 $NaHSO_3$ 将碘酸盐还原成碘化物：

$$IO_3^- + 3HSO_3^- \longrightarrow I^- + 3SO_4^{2-} + 3H^+$$

将所得的酸性碘化物溶液与适量的碘酸盐溶液作用，使碘析出：

$$IO_3^- + 5I^- + 6H^+ \longrightarrow 3I_2 + 3H_2O$$

### 9.3.3 主要用途

碘可用于制造药物、染料、碘酒、试纸和碘化物等。